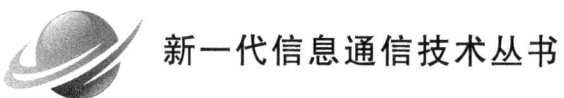新一代信息通信技术丛书

天空地一体化物联网架构、技术及应用

主　编　张　飞　朱孔林
副主编　覃江毅　汤　敏　刘　雨

北京邮电大学出版社
www.buptpress.com

内 容 简 介

近年来,航空航天、无人系统、人工智能、边缘计算等技术的快速发展,为物联网由天基、空基、地基单域化向天空地一体化融合发展提供了重要技术支撑。本书第1章介绍了天空地一体化物联网的概念、发展驱动力、国内外发展现状及面临的挑战等内容。第2章阐述了天空地一体化物联网的体系架构与组成。第3~5章分别介绍了天空地一体化物联网体系架构中感知层、网络层、平台层的技术、产品及平台等内容。第6章介绍了天空地一体化物联网安全。第7章阐述了天空地一体化物联网在智慧交通、应急救援等方面的应用。

本书既可以作为天空地一体化物联网相关研究的参考用书,也可以作为普通读者和高等院校相关专业学生的科普读物。

图书在版编目（CIP）数据

天空地一体化物联网架构、技术及应用 / 张飞,朱孔林主编. -- 北京：北京邮电大学出版社,2025.
ISBN 978-7-5635-7517-6

Ⅰ. TP393.4；TP18

中国国家版本馆 CIP 数据核字第 20259PR492 号

策划编辑：姚　顺		责任编辑：王晓丹　蒋慧敏			责任校对：张会良		封面设计：七星博纳	

出版发行：北京邮电大学出版社
社　　址：北京市海淀区西土城路10号
邮政编码：100876
发 行 部：电话：010-62282185　传真：010-62283578
E-mail：publish@bupt.edu.cn
经　　销：各地新华书店
印　　刷：保定市中画美凯印刷有限公司
开　　本：787 mm×1 092 mm　1/16
印　　张：12.25
字　　数：249千字
版　　次：2025年4月第1版
印　　次：2025年4月第1次印刷

ISBN 978-7-5635-7517-6　　　　　　　　　　　　　　　　　　定　价：59.00元

· 如有印装质量问题,请与北京邮电大学出版社发行部联系 ·

前 言

天空地一体化物联网利用卫星、无人机、地面传感器、智能设备等多种技术和设备,结合云计算、大数据、人工智能等先进技术,形成跨越天、空、地的多维度智能感知与信息处理体系。这种体系具备从宏观到微观的多层次数据采集、分析与应用能力,支持应急救援和环境监测等多种天空地协同应用场景。天空地一体化物联网作为6G物联网的重要表现形式,受到了学术界和工业界的广泛关注。然而,系统介绍天空地一体化物联网架构、技术及应用的书籍还比较少。本书正是顺应天空地一体化物联网的发展趋势,以天空地一体化物联网的体系架构和关键技术为切入点,系统介绍了天空地一体化物联网在智慧交通、智慧农业、应急救援、环境监测、航空航海、军事等方面的应用,可以帮助读者理解相关架构、技术和应用。

本书共7章。第1章为天空地一体化物联网概论,简要介绍了天空地一体化物联网的概念、发展驱动力、国内外发展现状以及面临的挑战。第2章介绍了天空地一体化物联网的体系架构与组成,重点阐述了传统物联网的体系架构,以及包含感知层、网络层、平台层和应用层的四层天空地一体化物联网体系架构。第3章针对天空地一体化物联网中的感知层进行了重点介绍,从传感器的原理和感知技术的应用两个方面展开论述。第4章重点讨论了天空地一体化物联网中的网络层相关技术内容,介绍了天基网络、空基网络和地基网络的通信架构,天空地一体化物联网的网络通信技术以及网络通信平台。第5章阐述了天空地一体化物联网中的平台层相关技术内容,从平台层架构入手,进一步阐述了包括云计算平台、边缘计算平台和云边协同计算平台在内的基础运行环境,以及包括传感器管理、数据中台管理和连接管理的管理中台,并对应用开发平台进行了综合介绍。第6章聚焦天空地一体化物联网的安全问题,从感知层、网络层、平台层和应用层的安全风险分析和安全防护技术展开分析。第7章介绍了天空地一体化物联网在智慧交通、智慧农业、应急救援、环境监测、航空航海和军事等方面的应用。

本书包含天空地一体化物联网相关的架构、技术以及应用实践。本书在天空地一体化物联网架构和技术方面具有一定的专业性和前瞻性,可以帮助读者构建天、空、地一体化物联网的核心技术图谱。同时本书兼顾应用实践,可以为相关行业的数字化转型提供可复用的解决方案,为研究者与工程师提供从理论到实践的全链路指南。

在编写过程中,本书得到了中国人民解放军军事科学院国防科技创新研究院和北京邮电大学多位专家、老师、学生的大力支持与积极参与,包括曹璐、郭鹏宇、邓英杰、陈思儒、李俊杰、赖洋、陈劲坤、黄自错、马赫、汪晶莹等,谨在此向他们致以深深的谢意。在本书编写过程中,我们还参考了大量的文献资料,并从中得到了许多有益的启示和帮助,在此向这些文献的作者表示衷心的感谢。

由于作者水平有限,书中难免有疏漏和不足之处,恳请各位同行和读者批评指正。

作　者

目 录

第1章 概论 ... 1

1.1 概述 ... 1
1.2 天空地一体化物联网概念 ... 2
1.3 发展驱动力 ... 3
1.3.1 业务需求驱动 ... 4
1.3.2 技术发展驱动 ... 5
1.3.3 政策扶持驱动 ... 6
1.4 国内外发展现状 ... 9
1.4.1 国内发展现状 ... 9
1.4.2 国外发展现状 ... 12
1.5 面临的挑战 ... 17
本章小结 ... 19
参考文献 ... 19

第2章 天空地一体化物联网的体系架构与组成 ... 21

2.1 概述 ... 21
2.2 传统的物联网体系架构 ... 22
2.2.1 三层体系架构 ... 22
2.2.2 四层体系架构 ... 25
2.2.3 六层体系架构 ... 26
2.2.4 七层体系架构 ... 27
2.3 天空地一体化物联网的体系架构 ... 29
2.3.1 感知层 ... 30
2.3.2 网络层 ... 31

  2.3.3 平台层 ……………………………………………………………… 32
  2.3.4 应用层 ……………………………………………………………… 33
 2.4 天空地一体化物联网的组成 ………………………………………………… 33
  2.4.1 天基部分 …………………………………………………………… 33
  2.4.2 空基部分 …………………………………………………………… 35
  2.4.3 地基部分 …………………………………………………………… 37
 本章小结 …………………………………………………………………………… 38
 参考文献 …………………………………………………………………………… 38

第3章 感知层 …………………………………………………………………… 40

 3.1 概述 …………………………………………………………………………… 40
 3.2 传感技术的发展趋势 ………………………………………………………… 41
  3.2.1 传感技术的发展阶段 ……………………………………………… 41
  3.2.2 传感器的分类 ……………………………………………………… 42
 3.3 传感技术的原理 ……………………………………………………………… 43
  3.3.1 声学传感 …………………………………………………………… 44
  3.3.2 光学传感 …………………………………………………………… 45
  3.3.3 力学传感 …………………………………………………………… 47
  3.3.4 磁场传感 …………………………………………………………… 49
 3.4 典型传感器及其应用 ………………………………………………………… 50
  3.4.1 射频识别传感器 …………………………………………………… 51
  3.4.2 雷达测距传感器 …………………………………………………… 55
  3.4.3 光纤振动传感器 …………………………………………………… 58
  3.4.4 CMOS 图像传感器 ………………………………………………… 60
 本章小结 …………………………………………………………………………… 63
 参考文献 …………………………………………………………………………… 64

第4章 网络层 …………………………………………………………………… 66

 4.1 概述 …………………………………………………………………………… 66
 4.2 网络层架构 …………………………………………………………………… 67
  4.2.1 天基网络通信架构 ………………………………………………… 68
  4.2.2 空基网络通信架构 ………………………………………………… 69

4.2.3 地基网络通信架构 71
4.3 通信技术 71
4.3.1 LoRa 72
4.3.2 NB-IoT 74
4.3.3 ZigBee 76
4.3.4 Z-Wave 78
4.3.5 蓝牙 79
4.3.6 Wi-Fi 80
4.3.7 蜂窝网络 82
4.3.8 光纤通信 83
4.3.9 卫星通信 85
4.4 网络通信平台 86
4.4.1 天基平台 86
4.4.2 空基平台 88
4.4.3 地基平台 91
本章小结 91
参考文献 92

第5章 平台层 94

5.1 概述 94
5.2 平台层架构 95
5.3 基础运行环境 96
5.3.1 云计算平台 96
5.3.2 边缘计算平台 102
5.3.3 云边协同计算平台 107
5.4 物联网管理中台 108
5.4.1 传感器管理 109
5.4.2 数据中台管理 113
5.4.3 连接管理 117
5.5 应用开发平台 120
5.5.1 概述 120
5.5.2 基于微服务的应用开发 121

5.5.3　基于低代码的应用开发 ··· 123
　本章小结 ··· 124
　参考文献 ··· 124

第6章　天空地一体化物联网安全 ··· 127

　6.1　概述 ··· 127
　6.2　安全风险分析 ··· 128
　　6.2.1　感知层安全风险分析 ··· 128
　　6.2.2　网络层安全风险分析 ··· 129
　　6.2.3　平台层安全风险分析 ··· 132
　　6.2.4　应用层安全风险分析 ··· 133
　6.3　安全防护技术 ··· 135
　　6.3.1　感知层安全防护技术 ··· 136
　　6.3.2　网络层安全防护技术 ··· 139
　　6.3.3　平台层安全防护技术 ··· 143
　　6.3.4　应用层安全防护技术 ··· 148
　本章小结 ··· 153
　参考文献 ··· 154

第7章　应用场景 ··· 156

　7.1　概述 ··· 156
　7.2　智慧交通 ··· 157
　　7.2.1　京张高速铁路天空地一体"数字孪生"智能化运维 ················· 157
　　7.2.2　广州市智慧交通无人机智能平台 ····································· 160
　7.3　智慧农业 ··· 163
　　7.3.1　四川眉山天府新区天空地一体化全域智慧农业监测服务体系 ····· 163
　　7.3.2　珠江南海区南海数智渔业综合服务平台 ····························· 165
　7.4　应急救援 ··· 167
　　7.4.1　北斗短报文系统 ·· 167
　　7.4.2　国际海事通信系统 ··· 170
　7.5　环境监测 ··· 172
　　7.5.1　祁连山地区天空地一体化监测网 ····································· 172

7.5.2 四川省天空地一体化空气污染监测平台 ……………………… 174
7.6 航空航海 …………………………………………………………… 175
　7.6.1 基于 ADS-B 的中国民用航空系统 ……………………………… 175
　7.6.2 基于 AIS 的南海航海物联网系统 ……………………………… 177
7.7 军事应用 …………………………………………………………… 178
　7.7.1 美国陆军战场物联网 …………………………………………… 179
　7.7.2 美国海军海洋物联网 …………………………………………… 180
本章小结 ………………………………………………………………… 181
参考文献 ………………………………………………………………… 182

第1章
概　论

1.1　概　述

我国在2010年全国两会工作报告中正式提出我国要加快物联网的研发和应用。其中,物联网被定义为:通过信息传感设备,按照约定的协议,把任何物品与互联网连接起来,进行信息交换和通信,以实现智能化识别、定位、跟踪、监控和管理的一种网络,是在互联网基础上延伸和扩展的网络[1]。因此,2010年也被称为我国"物联网元年"。

随着计算机、传感器、无线通信、人工智能等新技术的不断发展,物联网逐渐由建立人与人为主的连接关系,向建立人与人、人与物、物与物之间泛在连接关系转变,是新一代信息技术的高度集成和综合应用,是下一代信息基础设施建设的重要发展方向,也是发展国民经济和维护社会稳定的重要支撑。

近年来,随着地面移动通信网络和互联网的高速发展,地基物联网已渗透到生活的各个方面。同时,随着无人系统技术的发展,尤其是无人机的出现,空基物联网应运而生。然而,在一些偏远地区,特别是地面移动通信基础设施无法覆盖或者还不完善的偏远地区(如海洋、沙漠、森林等),空基和地基物联网就很难满足需求。随着航天技术的发展,尤其是低轨卫星的蓬勃发展,利用天基、空基、地基等各域平台优势,构建天空地一体化物联网是最终实现"万物互联"的必经之路。天空地一体化物联网不仅可为智慧城市、智慧交通、智慧农业等提供重要支撑,还可为传统地面移动通信基础设施很难覆盖的区域提供高效的感知和互联手段,将成为国民经济和国家安全的重要基础设施,对其进行研究具有战略性、基础性、带动性意义。

本章首先从不同时期对物联网的理解出发，给出了天空地一体化物联网的概念和特征；其次，从业务需求、技术发展和政策扶持三个方面阐述了天空地一体化物联网的发展驱动力；再次，对天空地一体化物联网国内外发展现状进行了介绍；最后，介绍了天空地一体化物联网发展面临的挑战。

1.2 天空地一体化物联网概念

由于物联网涉及的关键技术和应用领域比较广泛，加之不同时期的物联网技术发展程度不一，人们对物联网的认识也在不断地变化。

物联网概念最早被描述为未来生活中物与网络的深度融合，但受当时技术发展水平的限制，物联网更多的只是一种畅想[2]。1999年，美国麻省理工学院Auto-ID研究中心提出，把所有物品通过射频识别装置等信息传感设备与互联网连接起来，实现智能化识别和管理[3]。

2005年，在信息社会世界峰会上，国际电信联盟（International Telecommunication Union，ITU）发布了《ITU互联网报告2005：物联网》[4]，将物联网定义为：将各种信息传感设备（如射频识别装置、各类传感器节点等）以及各种无线通信设备与互联网结合起来形成一个庞大、智能网络。《ITU互联网报告2005：物联网》指出无所不在的物联网通信时代即将来临，通过射频识别、无线通信以及互联网等技术，可以实现物体之间的信息交互。这份报告的发布对物联网的普及和发展具有重要意义。

2010年，国际电信联盟电信标准分局（ITU-T）进一步将物联网称为"泛在传感器网络（Ubiquitous Sensor Network，USN）"，并将泛在传感器网络定义为构建在传统物理网络之上的一个概念性网络。它可以通过采集、处理、分析各种传感器数据，在任何时间、任何地点向每个用户提供与其环境和状态相适应的个性化智能服务[5]。

随着第五代移动通信技术的成熟及应用，物联网被赋予了高速度、低时延、大连接的特点，物联网实现了从窄带到宽带、从低速到高速的发展过渡，推动了物联网与人工智能、云计算、边缘计算、大数据等技术的无缝融合，进一步催生了智联网。

目前，还没有任何机构给出天空地一体化物联网的准确定义。本书认为，天空地一体化物联网就是通过设计统一通信架构，将天基物联网、空基物联网、地基物联网进行深度融合，形成一个一体化的跨域协同感知网络。它以天基网络、空基网络和地基网络为核心，充分利用先进传感、射频识别、导航定位、卫星遥感、人工智能等技术，实现人与人、人与物、物与物的泛在互联，是传统物联网在广度和深度上的拓展和升级。

与传统物联网相比,天空地一体化物联网具有如下特征。

1. 广域覆盖

天空地一体化物联网在传统物联网基础上增加了天基部分和空基部分,可极大提升物联网的感知和通信覆盖范围。天基部分主要由各类卫星及搭载的感知和通信设备组成,具有"站得高、看得宽、联得广"的优势。空基部分主要由无人机、飞艇等各类平台搭载感知和通信设备组成,是天基部分的重要补充,可根据需求对特定区域的感知和通信能力进行增强。

2. 跨域互联

天空地一体化物联网不是天基网络、空基网络、地基网络的物理组合,而是三种网络的深度融合,融合后可相互弥补单个网络的缺点。地基网络存在单节点覆盖范围小、偏远地区覆盖能力弱等问题。空基网络由于空基平台无法长时间驻空导致覆盖时间受到限制。天基网络由于通信距离较远,存在地面终端尺寸大、通信时延大等问题。通过设计统一的通信协议,天空地各节点实现互联互通,从而达到跨域随遇互联的效果。

3. 资源共享

各域节点互联后,利用云计算、边缘计算技术可实现更大范围、更深层次的算力和存储资源共享。边缘计算可将卫星、空基平台、地面通信节点中的计算资源进行虚拟化,实现资源的一体化抽象,从而可按需在跨域、跨节点间调度计算任务和数据。同时,边缘节点和云中心形成梯度存储架构,边缘侧对传感器产生的数据进行预处理,并对临时性数据进行本地存储,只将重要数据回传至云中心进行持久化存储,可降低大量低价值临时性数据对云存储空间的占用。

4. 数据融合

天空地一体化物联网可获得更多源的数据,通过大数据、深度学习等技术可挖掘更多数据的潜在价值,从而服务更多的应用场景。此外,通过多域数据融合,可解决单域数据获取手段受不同外部因素影响而导致数据应用价值受限问题。例如,天基数据会受天气、日照等因素影响,因此可采用同时间段内的空基或地基数据进行弥补,从而避免数据空白现象。

1.3 发展驱动力

纵观物联网的发展历史,物联网在业务需求、技术发展和政策扶持的共同驱动下诞生、发展和成熟。天空地一体化物联网同样也被这三种驱动力推动着快速发展。在业务需求方面，用户对全球随遇接入、广域万物智联的渴望促使天空地一体化物联网向各行业不断渗透。在技术发展方面，先进传感、卫星、运载、无人系统、移动通信、人工智能、边缘计算、安全等技术的发展为天空地一体化物联网提供了强大的内核支撑。在政策扶持方面，天空地一体化物联网作为数字经济的重要支柱之一，各国竞相出台各类法律法规支持其发展，以期在数字经济时代抢占先机。

1.3.1 业务需求驱动

1. 全球随遇接入

传统物联网主要以地面移动通信网络为核心进行构建。但地面移动通信网络只覆盖不足 25% 的陆地面积和不足 7% 的地球表面积。随着人类活动不断向远洋、深海、戈壁、沙漠等地面移动通信网络无法覆盖的区域拓展，人们对具备全球覆盖、随遇接入特征的天空地一体化物联网需求越来越强烈。卫星具有全球广域覆盖优势，但现有卫星网络与空基、地基网络的融合程度极其有限。而且，随着无人系统技术的发展，空基网络已成为一种重要的通信方式，如何将其与天基、地基网络进行融合，实现随遇互联也是亟须解决的问题。因此，急需从构建全球随遇接入的一体化网络出发，设计跨域互联网络体系架构和通信体制，打通天基、空基、地基各域网络屏障，并保证整个网络的弹性，从而实现各类传感器和通信节点高效连接。

2. 广域万物智联

当前，越来越多的个人和家庭智能设备、自动驾驶车辆、无人物流设备、智能机器人、低空交通工具等正在成为人们生活的重要组成部分。这些智能设备或智能交通工具将自动实现各类信息的感知，通过数据智能分析后为我们提供各类服务。这些服务很多将突破传统服务在时间和空间等维度上的限制。例如，在下班回家的路上就可远程控制提前打开家里的空调，将家里调节到合适的温度；科研人员无须常年待在高山、丛林等恶劣环境下，即可实时获取实验数据；自动驾驶汽车在卫星的辅助下可进一步提升驾驶安全性。因此，急需在万物互联的基础上，打通天空地一体化物联网中数据共享链路，并利用人工智能技术深挖数据价值，拓展应用场景，为人们提供更加丰富、更高质量的服务。

1.3.2 技术发展驱动

1. 先进传感技术

先进传感技术利用各类传感器实现对物理世界不同信息的自动感知,是连接物理世界与数字世界的重要入口。随着传感技术的发展,传感器可感知的信息范围和种类越来越多。尤其是,MEMS 技术的出现使传感器在体积、种类、成本、功耗、可靠性等方面得到了跨越式发展,也促进了物联网向更多行业、更多应用场景拓展。

2. 卫星技术

近年来,卫星行业采用创新研制理念、改进制造技术、优化研制流程等方式,使用模块化、通用化、系列化等手段,极大降低了卫星的研制成本和周期。尤其是低轨卫星的发展,将卫星技术推向新一轮快速发展期。低轨卫星具有成本低、研制周期短、技术门槛低等优势,吸引了一大批科研人员对其进行研究,并提出了各类低轨卫星星座部署方案。这些因素为天基网络的建设和发展,以及与空基、地基网络的融合提供了重要的技术支撑。

3. 运载技术

运载技术直接关系到天空地一体化物联网中天基部分的建设效率,从而影响整个系统的能力生成。以美国太空探索技术公司为首的科技公司促进了运载技术快速发展,不仅提升了单火箭的运载能力,同时还通过回收、重复使用方式进一步降低了发射成本。例如,"猎鹰9号"火箭近地轨道载荷发射能力超过 22 t,并实现 300 次火箭助推器着陆回收。单火箭运载能力的提升及火箭重复使用技术的发展,为实现天空地一体化物联网的天基网络快速、低成本建设提供了有力支撑。

4. 无人系统技术

无人系统技术是在自动控制、导航定位、图像识别、深度学习等技术发展的基础上出现的一项综合性技术。无人系统技术使设备和系统体现出自主性和智能性特征,可为天空地一体化物联网提供数据和平台支撑。一方面,无人系统为实现自动化感知和控制任务,自身就携带各种传感器。无人系统将这些感知的数据进行共享后或把它们作为数据集训练深度学习模型后,可为天空地一体化物联网中其他要素提供支撑。另一方面,各类无人系统可为传感器、数据处理和通信设备提供部署平台,如无人机、飞艇、无人车、无人船等。

5. 移动通信技术

第五代移动通信技术(fifth generation of mobile communications technology,5G)的

发展不仅是通信速率的提升,也为物联网中大容量节点接入、高速数据传输、低延迟交互等需求提供了重要支撑。5G 技术不仅解决了传统移动通信中人与人的连接问题,更解决了物联网中人与物、物与物的连接问题。第六代移动通信技术(sixth generation of mobile communications technology,6G)将实现地面网络与卫星网络的融合集成,在速率、时延、连接数等方面都将在 5G 基础上得到巨大的提升,将极大地促进天空地一体化物联网的发展。

6．人工智能技术

近年来,深度学习算法的快速发展、海量数据获取渠道的增多以及硬件计算和存储能力的显著提升,使得人工智能技术呈现爆炸式的发展,并在语音识别、图像识别、情感交流等多个领域取得突破。人工智能技术同样在通信领域实现了初步应用,比如通过对业务需求的精准预测来降低网络能耗、优化网络部署等。人工智能技术同样也将为天空地一体化物联网中设备管理、网络优化、数据处理等方面提供支撑。

7．边缘计算技术

边缘计算技术通过在靠近传感设备和用户一侧提供就近计算服务,从而实现降低数据处理时延和减少用户与云中心间的数据交互量的目的,使物联网大量传感器和终端的接入成为可能,避免了传统仅依靠云中心进行数据处理而产生的拥塞问题。边缘计算技术可使用户敏感数据只存储在边缘节点内,解决了用户的隐私担忧,对加速物联网在更多行业推广应用具有重要作用。

8．安全技术

天空地一体化物联网系统具备开放融合、异构共存和泛在连接的特征,比传统物联网系统面临更多的安全威胁。例如,大量廉价、低可靠性传感器的接入极易造成系统漏洞,成为攻击者侵入系统的入口;数据在各域平台中共享和流转时,容易出现数据泄露和越权访问问题。随着各类安全防护技术的提升,为物联网系统安全稳定运行提供了重要支柱。否则,各类安全威胁将成为阻碍物联网技术发展和应用的主要因素。

1.3.3 政策扶持驱动

1．国内政策

我国政府高度重视天空地一体化物联网的发展,提供了一些相关政策支持,为我国物联网技术的发展和应用提供了强有力支撑。2006 年,国务院发布的《国家中长期科学和技术发展规划纲要(2006—2020 年)》,其中就将智能感知、自组织网络、传感器网络、智能信息处理等物联网关键核心技术纳入重点领域和优先发展方向。2011年11月28日，工业和信息化部发布的《物联网"十二五"发展规划》，分析了物联网发展的国内外现状与发展趋势，梳理了物联网产业链，并提出了未来发展的目标与路径，提出了多项措施来扶持和推动产业发展。这是国家首次出台如此详细的物联网规划，为促进我国物联网技术的发展提供了重要支撑。2013年，国家发展和改革委员会、工业和信息化部、科技部等多部门联合发布的《物联网发展专项行动计划》指出，到2015年，突破智能传感器、物联网大数据处理与智能信息管理、行业应用软件等方面的关键技术，推动物联网技术与新一代移动通信、云计算、下一代互联网、卫星通信等技术融合发展，加快物联网技术创新体系和能力建设，培育形成我国自主的物联网产业链，全面提升我国物联网产业核心竞争力。

国家"十三五"规划纲要明确提出，发展物联网开环应用，将致力于加强通用协议和标准的研究，推动物联网不同行业、不同领域应用间的互联互通、资源共享和应用协同，通过开环应用示范工程推动集成创新，总结形成一批综合集成应用解决方案，促进传统产业转型升级，提高信息消费和民生服务能力，提升城市和社会管理水平。2016年11月，国务院颁布的《"十三五"国家战略性新兴产业发展规划》明确提出，加快构建以遥感、通信、导航卫星为核心的国家空间基础设施，加强跨领域资源共享与信息综合服务能力建设，积极推进空间信息全面应用，为资源环境动态监测预警、防灾减灾与应急指挥等提供及时准确的空间信息服务，加强面向全球提供综合信息服务能力建设，大力拓展国际市场。

2021年9月，工业和信息化部联合多部门出台的《物联网新型基础设施建设三年行动计划（2021—2023年）》提出，到2023年底，在国内主要城市初步建成物联网新型基础设施，社会现代化治理、产业数字化转型和民生消费升级的基础更加稳固。突破一批制约物联网发展的关键共性技术，培育一批示范带动作用强的物联网建设主体和运营主体，催生一批可复制、可推广、可持续的运营服务模式，引导出一批赋能作用显著、综合效益优良的行业应用，构建一套健全完善的物联网标准和安全保障体系。2021年11月16日，工业和信息化部发布的《"十四五"信息通信行业发展规划》，提出5项重点任务，包括全面部署5G、千兆光纤网络、IPv6、移动物联网、卫星通信网络等新一代通信网络基础设施，统筹优化数据中心布局，构建绿色智能、互通共享的数据与算力设施，积极发展工业互联网和车联网等融合基础设施，加快构建以技术创新为驱动、以新一代通信网络为基础、以数据和算力设施为核心、以融合基础设施为突破的新型数字基础设施体系。2022年2月，国务院发布的《"十四五"国家应急体系规划》提出，要充分利用物联网、工业互联网、遥感、视频识别、第五代移动通信等技术提高灾害事故监测感知能力，优化自然灾害监测站网布局，完善应急卫星观测星座，构建天、空、地、海一体化全域覆盖的灾害事故监测预警网络。2023年2月，国务院印发的《数字中国建设整体布局规划》指出，要夯实数字中国建设基础,打通数字基础设施大动脉,加快5G网络与千兆光网协同建设,深入推进IPv6规模部署和应用,推进移动物联网全面发展,大力推进北斗规模应用。

2. 国外政策

2005年4月,在日内瓦举行的信息社会世界峰会上,国际电信联盟成立了"泛在网络社会国际专家工作组",为物联网技术交流提供了一个国际平台。2009年2月,美国颁布《2009年美国复苏与再投资法案》,将物联网和新能源作为美国摆脱金融危机的两大重要技术。2014年,美国国家标准与技术研究院(NIST)成立了信息物理系统工作组,旨在促进物联网在制造、交通、能源、卫生等领域的开发与应用。2016年5月,该工作组发布了《信息物理系统框架》,对物联网参考架构、时序与同步、数据互操作、网络安全等方面进行了定义。2015年9月,美国启动跨部门的"智能城市"计划,希望通过物联网技术解决市政挑战并改善政府服务。2015年,美国联邦贸易委员会发布《物联网产品安全高级指南》,为企业物联网提供了一系列安全原则。2016年11月,美国国土安全部发布《确保物联网安全的战略原则》白皮书,为物联网相关方提出了一组网络安全实践准则建议。2017年1月,美国国家电信和信息管理局(NTIA)发布了《促进物联网发展》绿皮书,全面介绍了物联网发展现状及其对于美国社会的重要意义,并提出了未来美国物联网政策的四点框架建议。2021年11月,美国国家标准与技术研究院正式发布《联邦政府物联网设备网络安全指南》和《物联网设备网络安全需求目录》。

2005年4月,欧盟执委会正式公布了未来5年欧盟信息通信政策框架"i2010",提出整合不同通信网络、内容服务、终端设备等,从而提供一致的管理框架,为适应物联网技术的发展和数字经济的到来提供支撑。2009年6月,欧盟委员会向欧盟议会、理事会、欧洲经济和社会委员会及地区委员会递交了《欧盟物联网行动计划》,以确保欧洲在构建物联网的过程中起主导作用。这也是世界范围内第一个系统提出物联网发展和管理计划的机构。2009年10月,欧盟委员会发布物联网战略,提出要让欧洲在基于互联网的智能基础设施发展上,加大物联网相关项目投入。2015年3月,欧盟执委会推动成立"物联网创新联盟(Alliance for Internet of Things Innovation,AIOTI)",旨在促进物联网所有利益相关方开展技术合作,从而创造一个充满活力的欧洲物联网生态系统。2016年4月,欧盟执委会提出了推动欧洲产业数字化新措施。发展物联网是其重要举措之一,主要包括:发展物联网生态系统、深化以人为中心的物联网和建构物联网单一市场。2022年1月,欧盟发布《欧盟物联网研究、创新和部署优先事项白皮书》,提出优先发展人物交互、数字孪生、增强物联网、数据互操作、边缘计算、物联网标准等技术方向。2023年11月,欧盟理事会通过了《关于公平访问和使用数据的统一规则的条例》(以下简称《数据法案》),以适应数字经济的发展需求,消除影响数据内部市场良好运转的阻碍,并加速释放数据要素潜力。法案通过明确数据访问、共享和使用规则,保障数据经济参与者之间数据价值分配的公平性,以促进数据要素的流转利用。《数据法案》与2022年5月欧盟委员会通过的《数据治理法案》互为补充,协同促进了数据共享利用。

1.4 国内外发展现状

天空地一体化物联网是天基物联网、空基物联网、地基物联网的深度融合。地基物联网的发展已相对成熟,本书不再赘述。空基物联网主要依托无人机、飞艇等平台进行构建,型号和各类系统众多,将在第4章中对典型的空基平台进行分类介绍。由于空基平台无法长期部署,空基物联网主要针对天基物联网和地基物联网能力需求进行按需补充。综合上述因素,本节主要对天基物联网及天基物联网与地基物联网融合的国内外发展情况进行介绍。

1.4.1 国内发展现状

天空地一体化物联网具有多产业、多技术融合的特点,由于产业和技术牵引性强,对促进国民经济的发展和科学技术的进步具有重要意义。为此,我国高度重视天空地一体化物联网的发展,先后启动了一系列重大工程。

1. 天通系统

天通系统于20世纪90年代初提出,旨在填补我国卫星移动通信服务的空白,于2016年8月成功发射天通一号01星,标志着中国正式进入地球同步轨道移动通信卫星行列。天通一号卫星移动通信系统由空间段、地面段和用户终端组成。天通系统架构如图1-1所示。空间段计划由多颗地球同步轨道卫星组成。空间段目前由3颗地球同步轨道卫星组成。地面段包括卫星控制中心、信关站、地面通信网络等地面设施,负责卫星的控制、监测、信号传输和数据处理等任务。用户终端包括各种类型的通信终端设备,包括卫星电话、车载终端、船载终端等,预计到2025年终端用户将超过500万。2023年9月,华为宣布新上市的Mate 60 Pro支持与天通卫星进行通信,意味着天基网络和地基网络实现了融合。

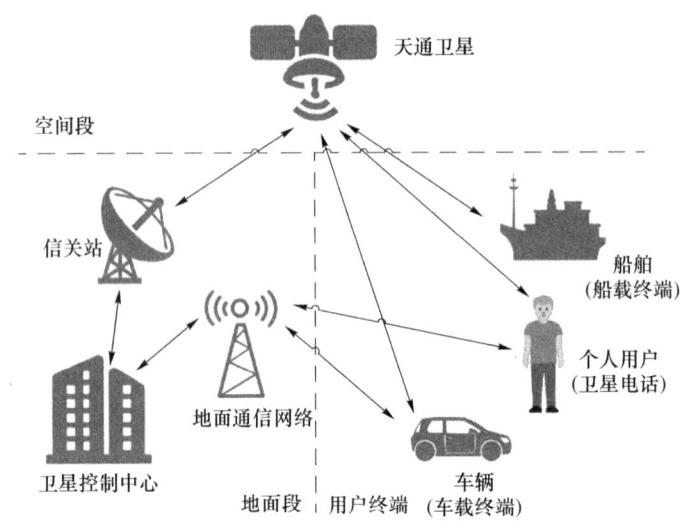

图 1-1　天通系统架构

2. 鸿雁星座

鸿雁星座计划由中国航天科技集团有限公司于 2016 年提出。鸿雁星座将由 300 颗低轨道小卫星及全球数据业务处理中心组成,具有全天候、全时段及在复杂地形条件下的实时双向通信能力,可为用户提供全球实时数据通信和综合信息服务,鸿雁星座建设蓝图如图 1-2 所示。鸿雁星座计划分两期进行建设。第一期计划发射 60 多颗骨干卫星,旨在优先向特定区域提供宽带互联网业务。第二期计划在 60 多颗骨干卫星的基础上扩充至 300 颗,实现全球业务覆盖。鸿雁星座具有 L/Ka 波段的通信载荷、导航增强载荷以及航空监视载荷等。2023 年 12 月,荣耀宣布将通过 Magic 6 系列手机实现与鸿雁卫星的通话和短信功能。

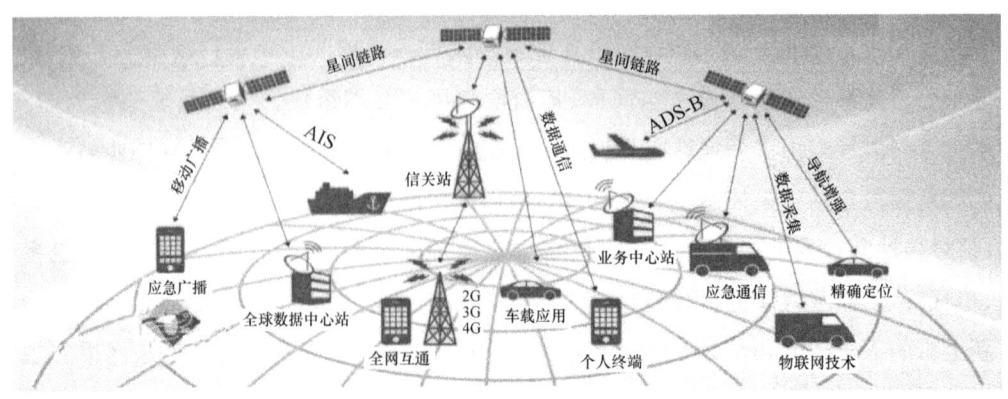

图 1-2　鸿雁星座建设蓝图

3. "行云工程"

"行云工程"是航天行云科技有限公司计划的航天工程。该工程为我国首个低轨窄带通信星座,旨在打造最终覆盖全球的天基物联网,可为用户提供数据采集、信息实时传输、数据深度挖掘等综合物联网信息。"行云工程"架构如图1-3所示。"行云工程"由80颗小卫星组成,将分α、β、γ三个阶段逐步建设。其中,α阶段计划建由"行云二号"01星与"行云二号"02星组成的系统,同步开展试运营、示范工程建设;β阶段将实现小规模组网;γ阶段将完成全系统构建,并进行国内以及"一带一路"沿线国家等国外市场的开拓。

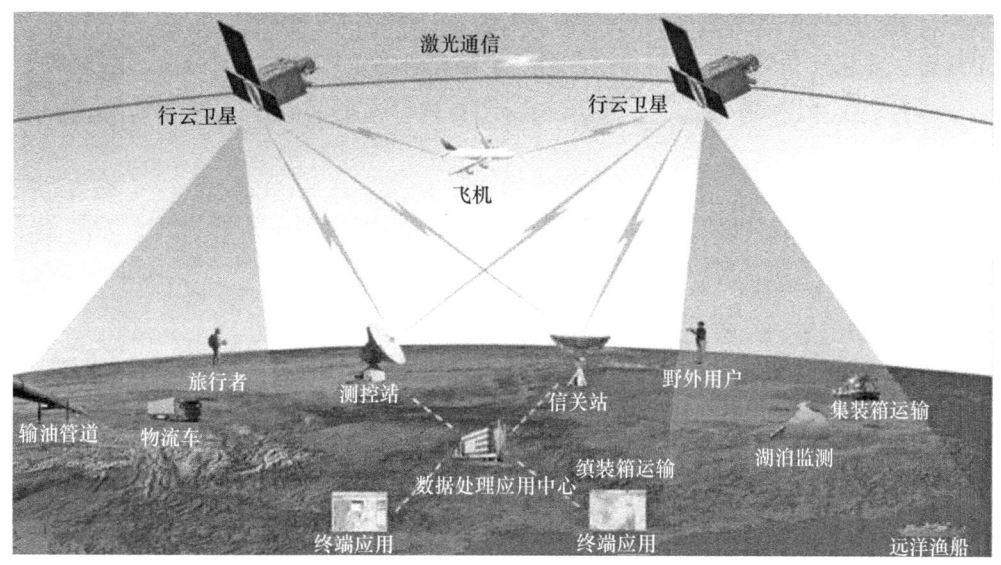

图1-3 "行云工程"架构

4. 天地一体化信息网络

国家"十三五"规划纲要以及《"十三五"国家科技创新规划》中明确,将启动天地一体化信息网络建设重大工程项目[6],以满足日益增长的经济生产和社会生活的需要。天地一体化信息网络由天基骨干网、天基接入网、地基节点网组成,并与地面互联网和移动通信网互联互通,建成"全球覆盖、随遇接入、按需服务、安全可信"的天地一体化信息网络体系。

天地一体化信息网络的天基骨干网主要由地球同步轨道卫星组成。天地一体化信息网络的天基接入网由低轨卫星和浮空平台等组成。天地一体化信息网络的地基节点网由多个地面互联的地基骨干节点(信息港)组成。其中,地面信息港是天地网络信息交互枢纽,实现多源信息的统一存储、管理、融合、处理和共享,为各类用户提供对天地一体化网络信息资源的统一访问和综合应用。天地一体化信息网络在低轨卫星方面,完成了多型星载应答机及新体制卫星通信载荷设计;在浮空平台方面,具有多型系留气球、飞艇等,并开展了球载 4G、5G 通信基站研制与试验工作;在系列卫星应用终端方面,具有丰富机载、车载卫星通信终端研制经验和极强的通信系统集成能力;在信息挖掘与融合方面,具有雷达、SAR 多源目标识别、图像识别核心算法及产品。

5. "天启星座"

"天启星座"由 38 颗低轨小卫星组成,旨在构建基于低轨卫星数据通信服务的窄带物联网星座系统,"天启星座"的应用场景构想如图 1-4 所示。截至 2024 年 5 月,已发射 28 颗卫星入轨。该星座部署完成后可实现对 70% 以上陆地、全部海洋和天空覆盖,为实现天空地海一体化物联网提供网络通信服务。该星座可在较短时间内对分散于全球的卫星终端进行数据采集、传输、汇集、处理,并通过卫星回传至信息中心,具有高容量、低功耗、低成本等特点。

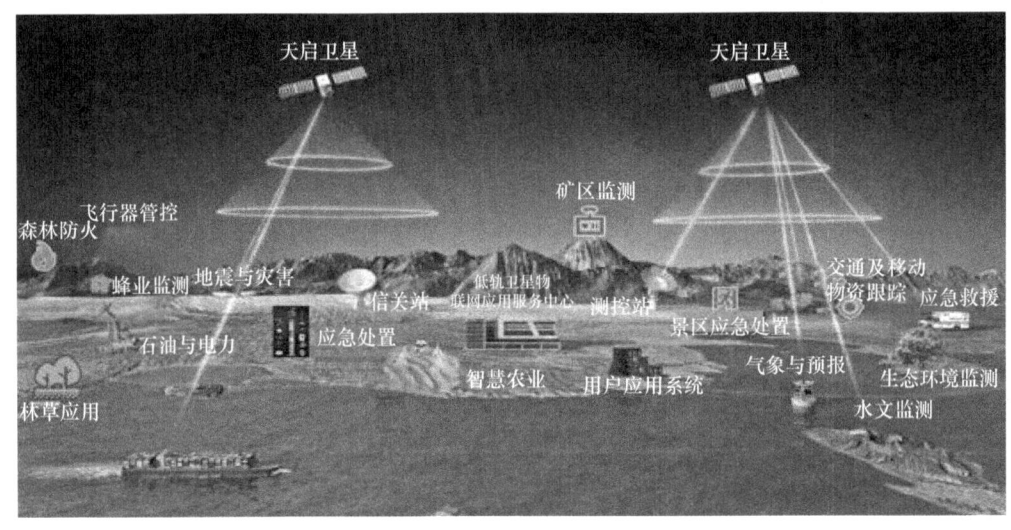

图 1-4 "天启星座"应用场景构想

1.4.2 国外发展现状

国外在天空地一体化物联网建设方面起步较早,且发展迅速。政府和商业公司都高度重视该技术的发展,推出了各类天空地一体化网络建设项目,分别从提升星地通信带宽、卫星信号覆盖范围、星地网络融合、应用服务拓展等方面取得了一系列进展。

1. 铱星系统

铱星(Iridium Satellite)系统是美国铱星公司委托摩托罗拉公司设计的一种全球性卫

星移动通信系统。最初规划77颗通信卫星,用于构建天基移动蜂窝通信网络。用户可通过手持终端进行全球语音和数据通信。该系统的名字是来源于原子序数为77的铱元素。后来,通过进一步测算评估,只需66颗卫星即可满足需求,从而将卫星数量调整为66颗,但仍使用铱星进行命名。铱星系统主要由4部分组成:空间段、系统控制站、信关站以及用户终端,如图1-5所示。

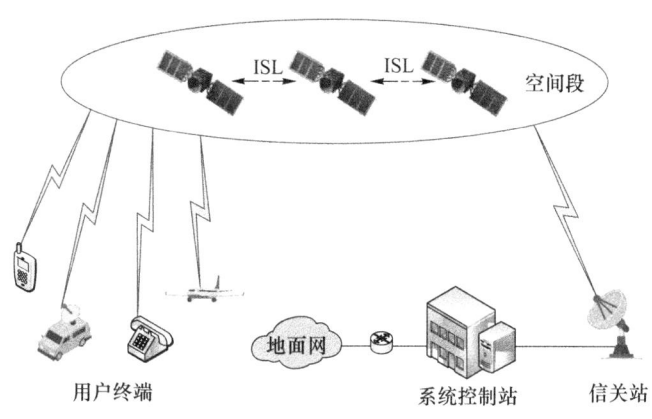

图1-5 铱星系统组成图

铱星系统共包含两代卫星移动通信星座系统。第一代于1998年建成并投入运行,共包含6个轨道面,每个轨道面11颗卫星(外加1~2颗备用)。卫星轨道高度为780 km,倾角为86.4°。每颗卫星包含3 480个通信信道。铱星系统通过卫星间接力实现全球通信。由于卫星采用相对较低的轨道,星地传输速度快、信息损耗小,所以通信质量较高。第二代于2019年1月建成并投入运行。新一代铱星系统在原有系统的基础上,具有星间链路和星上处理功能,不仅可以提供语音和传真等通信服务,还可以为全球用户提供船舶自动识别、目标定位、追踪、监视以及航迹导航等物联网服务。

2. 轨道通信系统

轨道通信系统由美国、加拿大两国共同提出,于1995年开始发射试验卫星,1998年底开始提供全球服务。该系统由29颗低轨卫星组成,可在全球范围内提供双向窄带数据通信服务。已有13个国家(主要是美国、加拿大和日本等)为该系统建立了16个网关,正在为130多个国家的用户提供采集、定位、跟踪以及收发电子邮件等方面的服务。轨道通信系统的组成如图1-6所示。

轨道通信系统利用其低轨小卫星(每颗卫星重量不足50 kg)优势提供低速、低成本、近乎实时的双向数据传输服务。该系统采用M2M为中心的网络架构,包括"卫星M2M""地面M2M"和"双模式M2M",以较低的成本实现用户设备的低速连接,可融合卫星和地面蜂窝网络实现资产跟踪、管理和遥控。

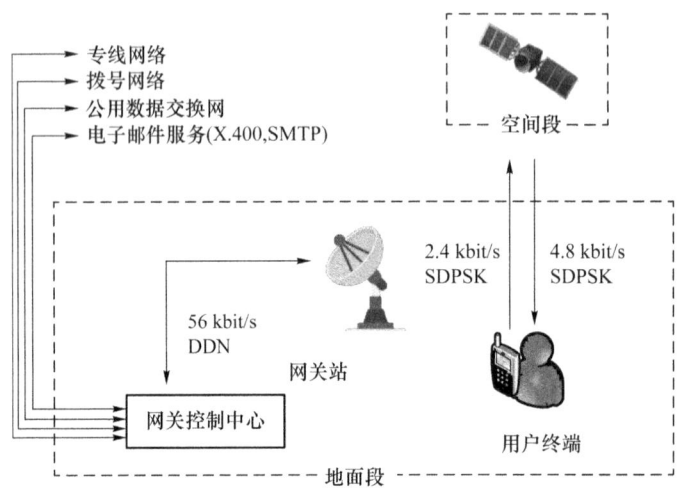

图 1-6　轨道通信系统的组成

3. 全球星系统

全球星(Globalstar)系统是一个低轨道卫星网络,由高通公司和 Loral 公司共同开发并管理运营。该系统由 48 颗低轨道卫星组成,分布在 8 个轨道平面上,轨道平面高度为 1 400 km。该系统于 1996 年 11 月从美国联邦通信委员会获得了经营许可证。1998 年 5 月,在卡纳维拉尔角太空军基地用德尔塔火箭首次发射了 4 颗卫星。截至 2007 年,共进行了 12 次发射,成功将 60 颗卫星送入轨道,形成了第一代星座。第二代星座的 24 颗卫星于 2013 年 2 月 6 日发射完成以逐渐代替失效的第一代卫星。2022 年 2 月,美国 Globalstar 公司宣布购买 17 颗新卫星,以 3.27 亿美元继续推进由 MDA 有限公司和火箭实验室建造的星座。这些卫星预计将于 2025 年发射。全球星系统网络示意图如图 1-7 所示,采用频分多址和高效的功率控制技术,采用多波束有源相控阵天线实现多址、频率复用、可变速率语音编码、多路径分集和软切换波束等,提供高质量的卫星服务。用户终端有手机、车载、机载、船载等形态,可为用户提供寻呼、传真、短数据和定位等业务。

4. Argos 系统

Argos 系统由法国国家空间研究中心(CNES)、美国国家海洋和大气管理局(NOAA)于 1978 年联合提出,旨在为构建全球自然环境监测、海洋水文气象观测提供数据采集、数据传输、移动通信和定位服务。该系统利用极轨气象卫星实现对中、低纬地区以及南、北极圈等高纬度地区的高效覆盖。

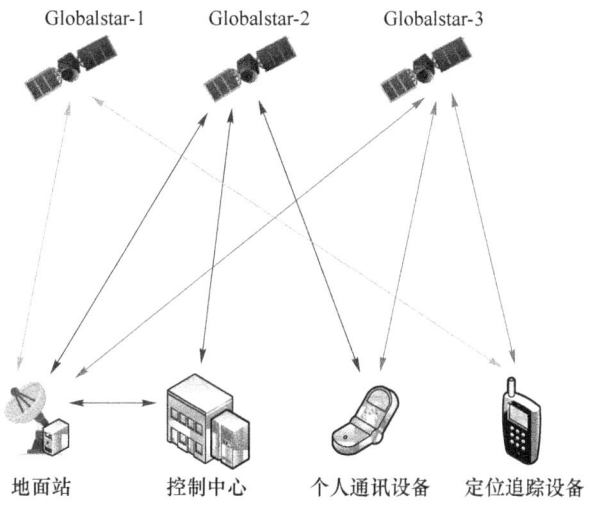

图 1-7 全球星系统网络示意图

Argos 系统包括用户终端、处理中心、地面站和卫星四部分，组成如图 1-8 所示。其中，卫星轨道高度为 850 km；地面站由主地面站和辅地面站组成；不同卫星通信波段各有不同。该系统在全球范围内设立 7 个处理中心，主要处理海洋监测和动物迁徙监测等数据。Argos 系统支持并发用户非常有限，且仅支持低速、非时敏的业务。

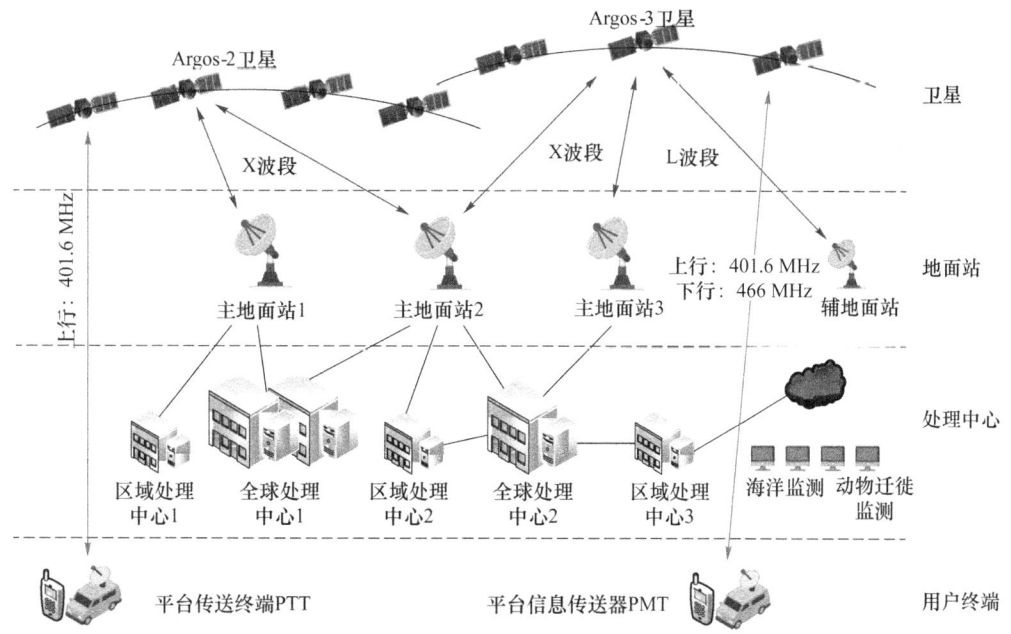

图 1-8 Argos 系统的组成

目前，已经有近 20 000 个 Argos 系统平台终端在全球范围内使用。我国也于 1985 年 11 月开始使用 Argos 系统传送海洋水文气象观测数据并进行定位，并于 2002—2005 年间投放了 100～150 个 Argo 浮标用于建设大洋局域观测网，并以每年 20～30 个速度增加浮标数量。

5. 星链系统

星链(Starlink)系统是由美国太空探索技术公司于 2014 年提出的低轨互联网星座计划。该系统最初计划部署约 1.2 万颗低轨卫星，随后扩展成约 4.2 万颗，旨在建设一个全球覆盖、大容量、低时延的天基通信系统，在全球范围内提供高速互联网服务。截至目前，该系统已发射 6 000 多颗卫星，且全球用户数量突破了 230 万，是当今建设规模最大、服务能力最强、应用范围最广的商业低轨通信星座，正在引领全球卫星互联网进入新的发展时代。用户通过一个接收天线和一个用户终端即可访问天基互联网服务，星链星座及用户终端如图 1-9 所示。用户终端具有自动定位和跟踪系统，可自动寻找可见的星链卫星并与其建立通信链路。用户可在全球任何地方快速实现网络连接。星链卫星可为天空地一体化物联网发展提供高速链路保障。

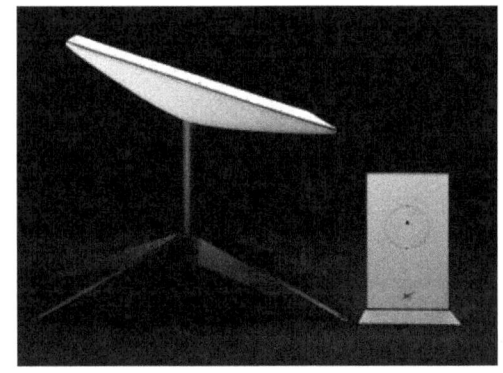

图 1-9　星链星座及用户终端

6. SaT5G

SaT5G(Satellite and Terrestrial Network for 5G)是欧盟于 2017 年 6 月启动的项目，成员包括 AVA、SES、空客、iDirect、BT、萨里大学等 16 家单位。该项目主要通过开发低成本的卫星通信解决方案，以期实现 5G 和卫星通信网络之间的高效兼容，重点研究卫星网络体系架构、关键技术及仿真验证等与 5G 网络的融合通信技术。SaT5G 参考架构如图 1-10 所示。此外，该项目高度重视国际标准制定工作，在 3GPP 和 ETSI 中，推动多项卫星 5G 融合的标准化工作。

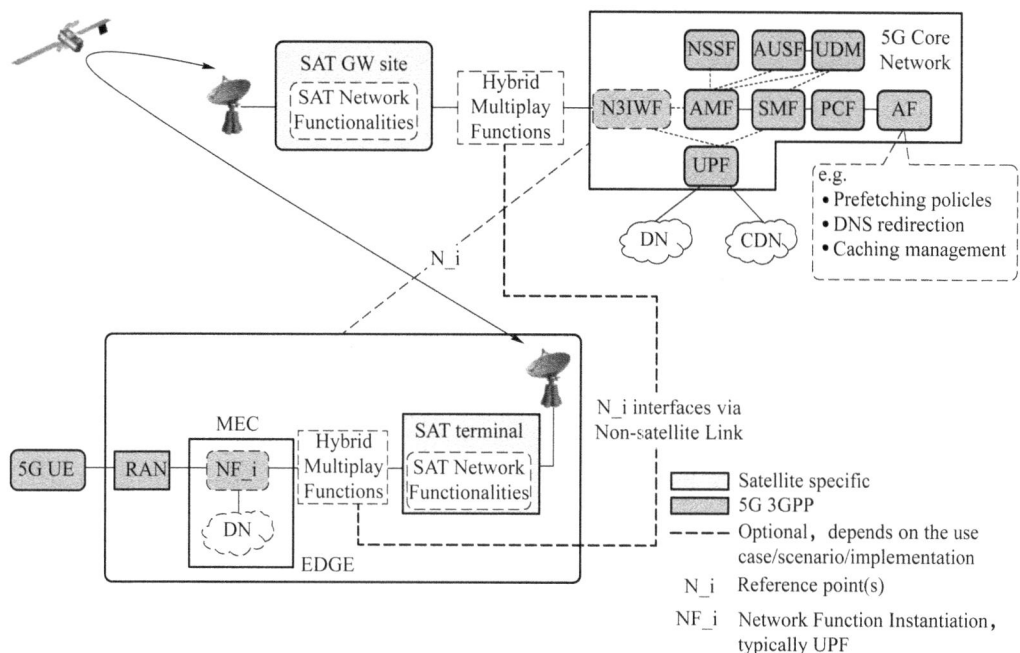

图 1-10　SaT5G 参考架构[7]

SaT5G 于 2019 年 6 月成功进行了 5G 卫星系列业务演示。例如,通过卫星和地面传输路径接入 5G 网络,为 4K 视频用户带来了更好的质量体验;移动边缘计算代理如何将比特率适配、链路选择和增强分层视频流融入未来卫星与地面综合网络;等等。

1.5　面临的挑战

相比传统物联网,天空地一体化物联网体系架构要素更多、网络层次更复杂、数据链路更多样、应用场景更丰富。为此,天空地一体化物联网在架构设计、通联组网、数据安全等方面面临更高的挑战,主要体现在以下几个方面。

1. 节点高动态

天空地一体化物联网中的网络节点位置主要分布于太空、空中和地面,相对于固定的地面网络节点,由各轨道卫星组成的天基网络节点是高速移动的。高速移动的网络节点带来的主要影响之一就是多普勒频移,还会导致系统通信链路出现较高的中断率和误码率,严重影响系统的性能。此外在天空地一体化物联网中,还需要考虑由高空平台、飞机、低空无人机等组成的空基网络节点的接入和组网,空基网络节点的运动一般是无规律的,组网情况会变得更复杂，这也对天空地一体化物联网系统的通信链路设计提出了更高的要求。

2. 时空跨度大

在天空地一体化物联网中，卫星和高空平台距离地面较远，运行速度较快，使得网络节点间链路在时空维度跨度大。这会造成通信链路损耗大、干扰强、时延长和抖动强等问题。一方面，星地、星空网络节点之间距离远，信号衰减损耗大。信号在传输过程中容易受大气色散、雨衰、轨道变化、俯仰角变化等因素影响，存在信号干扰的问题。对于高频段的信号，干扰和损耗将更加严重。另一方面，远距离传输也会导致信号在传输的过程中存在时延长和抖动强的问题，这将导致反馈适应机制面临及时调整与时延长的矛盾，使得常规的差错控制方法难以奏效。

3. 异构网络互联

天空地一体化物联网系统的网络由多种异构网络组成，包括天基网络、空基网络和地面网络等，组网结构复杂。各空间域网络所处环境以及自身特点存在很大的差异，对于天基网络，不同轨道面的卫星信号以及传输特性存在一定的差异；而对于地基网络，地基网络又包括蜂窝网、自组网、传感网等各种异构网络。为了实现网络的一体化、兼容化和融合化，往往需要设计一致的或者相似的通信体制和信号波形体制，各种异构网络使得该设计更为复杂。

4. 载荷资源受限

与地面丰富的资源相比，星上载荷资源受限于技术、环境等因素而相对比较稀缺。一方面，受运载技术的限制，卫星的尺寸和重量是有限的，因而星上载荷的资源相对有限；另一方面，星上载荷的功耗受卫星热辐射能力极大的限制。热辐射器面积越大，整星散热能力越强，可支持的功耗就越高。但是受卫星整流罩轮廓尺寸的限制以及卫星天线的影响，热辐射器的尺寸不能无限增大。随着卫星通信需求向更高峰值速率、更多连接数量方向发展，星上功率资源受限与增大发射功率、提高星上处理能力之间的矛盾将进一步加剧。

5. 跨域通信安全风险

天空地一体化物联网系统通过卫星、高空平台等手段实现广域覆盖。然而，卫星通信的无线信道具有开放性和广播性等特征，导致信息传输通道不可控，无线链路更容易受到人为干扰、攻击、窃听和重放等威胁。因此，天空地一体化物联网系统的发展需要解决广域覆盖条件下的安全可靠传输问题。

本章小结

随着航空航天、无人系统、人工智能、边缘计算等领域技术的发展,以及人类活动不断向海洋、太空、戈壁、丛林等地面通信无法覆盖的区域拓展,物联网从人与人、人与物、物与物的连接发展到"万物互联",从天基、空基、地基单域逐步发展到天空地多域一体,即天空地一体化物联网。天空地一体化物联网不是天基物联网、空基物联网、地基物联网的简单组合,而是从体系架构、通信协议、数据处理、数据应用等方面高度融合的一个系统。天空地一体化物联网包含数据采集、通信组网、云计算、数据处理和安全防护等信息技术,是新一代信息基础设施的重要组成部分。由于天空地一体化物联网覆盖的产业多、涉及的技术领域多,各国都高度重视其发展,从而牵引本国产业经济和技术进步。本章首先从物联网的雏形、泛在传感网络到智联网介绍了物联网的发展历程。在此基础上,介绍了天空地一体化物联网的概念和特征。其次,从业务需求、技术发展和政策扶持三个方面,阐述了促进天空地一体化物联网的发展驱动力。由于地基物联网发展较为成熟,空基物联网是天基物联网和地基物联网的重要补充,本章重点从天基物联网的角度,介绍了天空地一体化物联网的国内外发展现状。最后,总结了天空地一体化物联网发展面临的挑战。

参 考 文 献

[1] 中国政府网. 2010年全国两会工作报告[EB/OL]. (2010-03-15)[2024-5-31]. https://www.gov.cn/2010lh/content_1555767.htm.

[2] 比尔·盖茨. 未来之路[M]. 辜正坤,译. 北京:北京大学出版社,1996.

[3] 吴巍,张更新. 天基物联网技术[M]. 北京:电子工业出版社,2021.

[4] ITU. Internet Reports 2005: The Internet of Things [EB/OL]. (2005-11-17)[2024-05-31]. https://www.itu.int/osg/spu/publications/internetofthings/.

[5] ITU-T. Requirements for support of ubiquitous sensor network (USN) applications and services in the NGN environment [EB/OL]. (2010-01-13)[2024-05-31]. https://www.itu.int/rec/T-REC-Y.2221-201001-I/en.

[6] 国务院. "十三五"国家科技创新规划[EB/OL]. (2016-07-28)[2024-05-31]. https://www.gov.cn/zhengce/content/2016-08/08/content_5098072.htm.

[7] SaT5G. Satellite and Terrestrial Network for 5G—Roadmap for Satellite into 5G[EB/OL].(2020-01-31)[2024-05-31]. https://cordis.europa.eu/project/id/761413/results.

第 2 章
天空地一体化物联网的体系架构与组成

2.1 概 述

物联网体系架构指导物联网系统的顶层规划、设计、论证与实现,明确了系统的各个组成部分及其之间的关联关系,是开发人员构建物联网系统时需要遵从的原则。做一个简单的比喻,就像设计图纸与建筑之间的关系一样,它明确了建筑的构成要素、各要素之间的关联关系等信息,要完全遵循设计图纸的要求建设建筑。

物联网体系架构采用分层的方式,将具有相同或类似功能特性的组成部分抽象为一个层级。每一个层级的功能是由该层级所涉及的技术、协议、软件和硬件等内容组成的,既能独立完成该层特定功能任务,又能与相邻上、下层级进行信息交互。虽然物联网的体系架构是抽象的,但遵循这种体系架构的实现是真正运行的物理硬件和软件等,采用分层的结构设计有助于提升物联网系统的可靠性、可扩展性和灵活性。

物联网广泛应用于农业、工业、医疗、环境监测等领域,因不同领域的业务需求不同,物联网系统的体系架构在设计时侧重点有所区别,传统的物联网体系架构有三层、四层、六层和七层体系架构。针对未来各行各业的物联网应用需求,设计一个适用于多种业务场景的天空地一体化物联网体系架构具有重要意义。

本章首先从物联网的体系架构的概念出发,为读者介绍了传统的物联网体系架构,包括三层、四层、六层和七层体系架构,使读者了解传统的物联网体系架构设计原则;其次,重点介绍天空地一体化物联网的体系架构,帮助读者了解天空地一体化物联网各层组成部分、各层作用以及相互之间的关系,为后续章节的学习打下基础。

2.2 传统的物联网体系架构

2.2.1 三层体系架构

1. 三层通用体系架构

根据数据采集、传输和分析处理等工作流程,将物联网的体系架构抽象为三层体系架构,即感知层、网络层和应用层[1],如图 2-1 所示。体系架构中的每一层都遵从相关的协议和安全规范(详见第 3~7 章),确保物联网系统安全可靠。

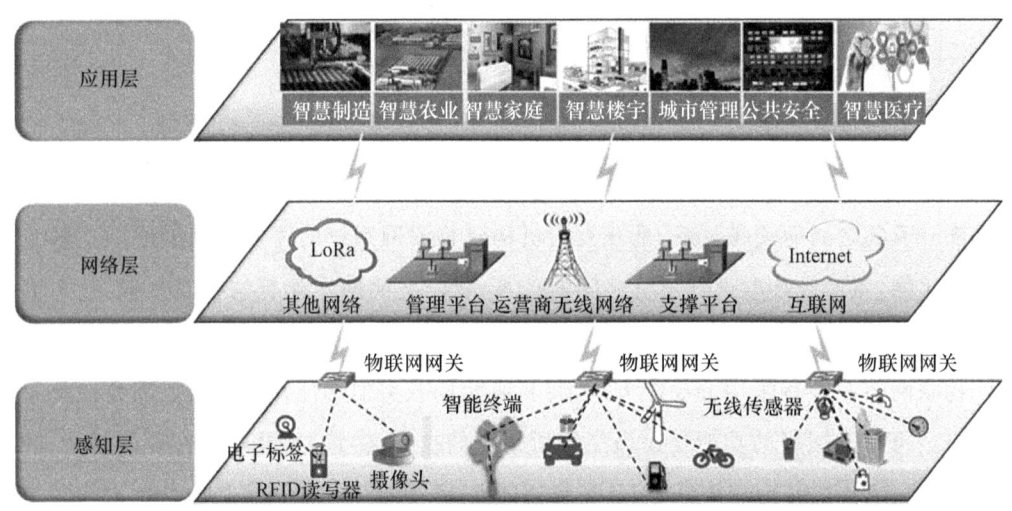

图 2-1 物联网系统的三层体系架构

感知层,也被称为传感器层,位于物联网体系架构中的最底层,是物联网系统的基础。感知层通过条形码/二维码、RFID 读写器、无线传感器、智能终端等各种类型的传感设备采集物理世界中的信息,并将这些信息转换为数据的形式为上层提供服务。当前,感知层技术正朝着集成化、规模化、智能化方向发展。

网络层,也被称为传输层,位于三层物联网架构的中间,是物联网系统的桥梁。网络层的主要功能是实现信息的传递、路由和控制,以及对感知层传输的数据进行初步处理,并传输至应用层。网络层由各种私有网络、互联网、有线和无线网络等组成,可划分为接入网和传输网,其中接入网负责将感知层的数据接入到网络,并由传输网负责传输至应用层。

应用层,是体系架构中的最上层,主要负责人机交互、信息显示和数据处理,为用户提供各类服务。应用层接收来自网络层的数据,对这些数据进行清洗、存储、计算、存储等处理,为用户提供按需服务。物联网的典型应用包括环境监测、应急救援、智慧城市、交通以及工业等。

2. "云管端"体系架构

从全局角度出发,系统地考虑物联网的建设与发展过程中所需要涉及的各个环节、所在的层次以及他们之间的联系,并结合信息流的流向及产业关联对象来梳理物联网架构中的各个层次,可以对物联网应用系统进行细分,形成"云管端"体系架构[2-3],如图2-2所示。构建基于"云管端"的物联网系统,一方面能够为用户提供丰富便捷的业务服务,另一方面能够有效地降低运营成本。

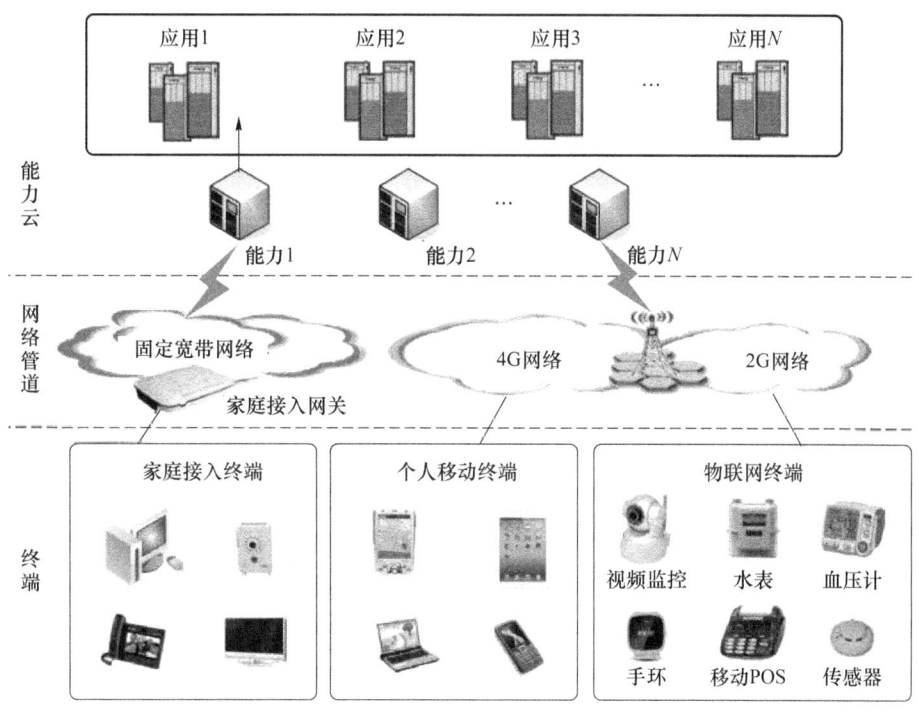

图2-2 华为"云管端"体系架构

"云"指的是物联网云计算平台。云的核心思想是将大量用网络连接的计算、存储等资源进行统一的管理和调度,构成一个资源池,能够通过虚拟化技术给用户分配计算和存储等资源。从用户的角度来看,云中的资源是无限扩展的,可以随时获取,按需使用。相比于传统的本地计算,物联网云平台具有低运营成本、高灵活性、高效率、动态资源利用等优势。

"管",即网络管道,是将众多的通信方式抽象成网络管道,负责设备之间、设备与云平台之间的通信。以物联网通信为例,共享单车能够与云平台联通,是依靠背后的蜂窝移动通信网络,通过基站与核心网实现设备与云平台连接,使信息能够传送到云平台。对于用户而言,设备与云平台实现连接的方式是透明的。

"端"指的是所有与"管"相连的终端设备。终端设备的作用是将现实生活中发生的事件映射到网络世界中,借助 RFID、电子标签、摄像头、定位导航终端等设备采集物理世界的事件,并将这些事件"翻译"成通信网络中所能理解的信息(数据信息),供云平台使用和分析。

3. OneM2M 体系架构

2012 年,欧洲电信标准化协会(European Telecommunications Standards Institute,ETSI)联合 13 家成员机构发起了 OneM2M 的全球倡议,目的是使全球范围内的 M2M 标准统一,提升了 M2M 通信系统和物联网的通信效率[4]。OneM2M 将物联网功能划分为三个区域:应用层、服务层和网络层,如图 2-3 所示。其中,该倡议建立了通用的服务层,该服务层可以直接嵌入到设备设施中,使设备和应用服务直接通信。

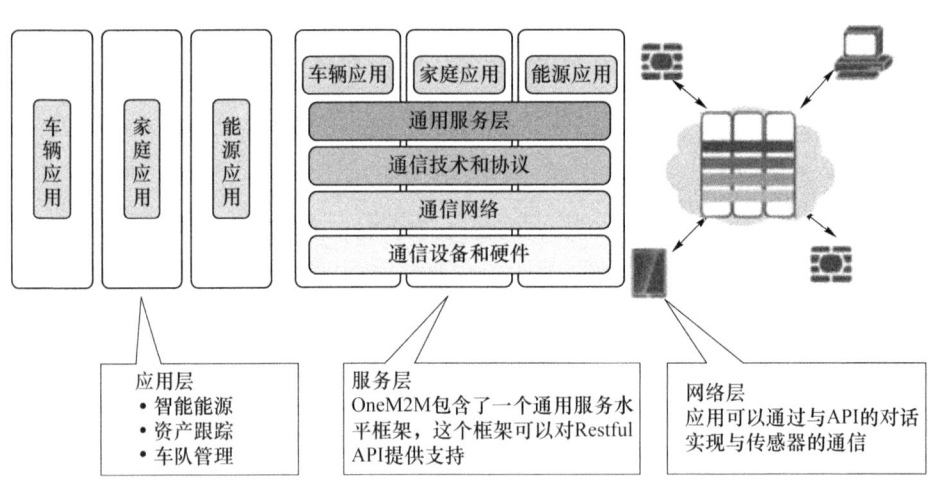

图 2-3 OneM2M 体系架构[4]

应用层:OneM2M 架构关注的是设备和应用之间的通信连接。应用层不仅包含了各类应用层的协议,还包括对各类智能业务的 API 接口的标准化。此外,各行业的应用程序往往有自己的设计方式和数据模型库,因而在图中表示为垂直的实体。

服务层:是在纵向应用行业下的横向框架,将应用与物理网络、底层的管理协议和硬件连接起来。服务层包括通用服务层、通信技术和协议、通信网络、通信设备和硬件等组成部分。OneM2M 的目的之一就是开发满足通用服务层需求的技术标准,利用嵌入在软、硬件节点中的通用服务层建立本地网络设备与位于云或数据中心的 M2M 应用服务器建立连接。

网络层:实现物联网设备与端点设备之间的通信。它包含了设备本身和设备所连接的通信网络。通常采用有线、无线等通信方式完成网络连接。

2.2.2 四层体系架构

在物联网三层体系架构的基础上,人们提出了"感知层、网络层、平台层和应用层"的四层体系架构,如图 2-4 所示。物联网四层体系架构与三层体系架构没有本质上的区别,只是在功能划分细节上有差异,将传统的三层体系架构中的应用层分为平台层和应用层。相比三层体系架构,具有平台层的四层体系架构能够提供更为高效便捷的物联网服务。一方面,平台层负责检验设备的安全性和合法性,保障设备与云端的连接安全可靠,提供设备升级、远程配置等监控维护功能,实现设备的远程维护;另一方面,平台层对网络层传来的数据,进行数据清洗、治理、存储和分析等处理,为上层提供数据支撑。

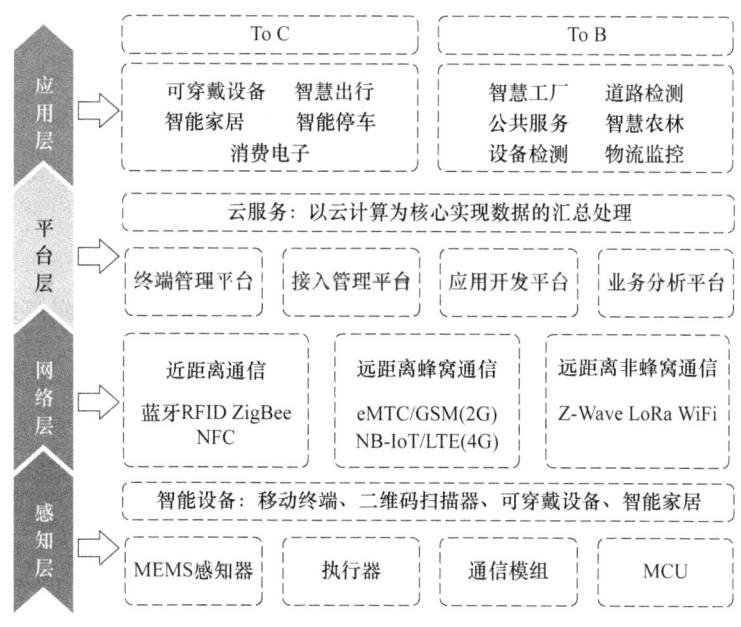

图 2-4 四层体系架构

在四层体系架构中,感知层位于物联网体系架构中的最底层,将外界信息转换为数据的形式,为物联网系统提供数据源。网络层位于平台层的下一层,向下收集感知采集到的信息,向上为平台层提供数据服务,起到桥梁的作用。感知层和网络层的功能与 2.1 节所述感知层、网络层一致,这里不再赘述。

平台层位于应用层下一层和网络层的上一层,依托于高性能的云计算平台,处理和汇总来自网络层的海量数据,并为应用层提供接口、存储和数据处理等服务。物联网的平台层根据其逻辑关系,提供了四项核心功能:终端管理、接入管理、应用开发、业务分析。这四大功能是按照由下至上的层级进行排序,构成四大平台类型[5-6]。平台层的出现为物联网应用的智能化提供了更多的可能,这也是为何业界常将物联网应用的前缀加上"智慧"二字,如智慧城市、智慧工业、智慧家居等。

应用层位于最上层,主要承担信息展示和人机交互的任务。例如,在使用共享单车应用程序时,我们能够了解周围可用的共享单车位置。这个搜索过程虽然看似在手机上完成,实际上,手机仅起到了"显示器"的作用,真正的数据实际上来源于云平台。

2.2.3 六层体系架构

2016年1月,中国电子技术标准化研究院国家物联网基础标准工作组发布了《物联网标准化白皮书》,对国内外物联网标准进行了梳理,分析了影响物联网发展的标准问题,并提出了物联网参考体系结构,并于同年12月发布了《物联网 参考体系结构》国家标准GB/T 33474—2016[5-6]。

物联网参考体系结构从系统组成角度描述物联网系统,提供物联网标准体系的依据和参照,包括用户域、目标对象域、感知控制域、服务提供域、运维管控域和资源交换域,六层体系架构如图2-5所示。

用户域主要由物联网用户和用户系统组成,包括政府用户系统、公众用户系统和企业用户系统等。物联网用户通过用户系统与物理世界建立连接关系,获取物理实体的感知和操控服务。

目标对象域是物联网用户获取或控制的对象实体集合,由感知对象和控制对象组成。在《物联网 参考体系结构》[7]中分别将感知对象和控制对象定义为:感知对象是物联网用户期望获取信息的对象;控制对象是物联网用户期望执行操控的对象。目标对象域中的对象通过接口与感知控制域中的实体建立连接,实现物理世界和虚拟世界之间的信息交互。

感知控制域是获取感知对象信息与操控控制对象的软硬件系统的实体集合,由物联网网关和感知控制系统组成。感知控制域的主要作用是对物理世界实体进行感知和操控,为其他域提供远程管理和接口服务。

服务提供域是物联网基础服务、业务服务等系统的实体集合,主要作用是对感知、控制和业务等数据进行加工、处理,为物联网用户提供物理实体的感知和控制服务接口。

运维管控域是物联网系统法规监管和运行维护等系统的实体集合,主要作用是保障物联网设备的稳定、可靠、安全、高效运行,并对物联网系统中实体及其行为的法规符合性进行检查。

资源交换域是物联网系统与外部系统进行信息和市场资源共享、交换的软硬件实体集合。资源交换域为物联网系统与外部系统之间的信息交互提供接口,为物联网系统的信息流、服务流等交换提供保障。

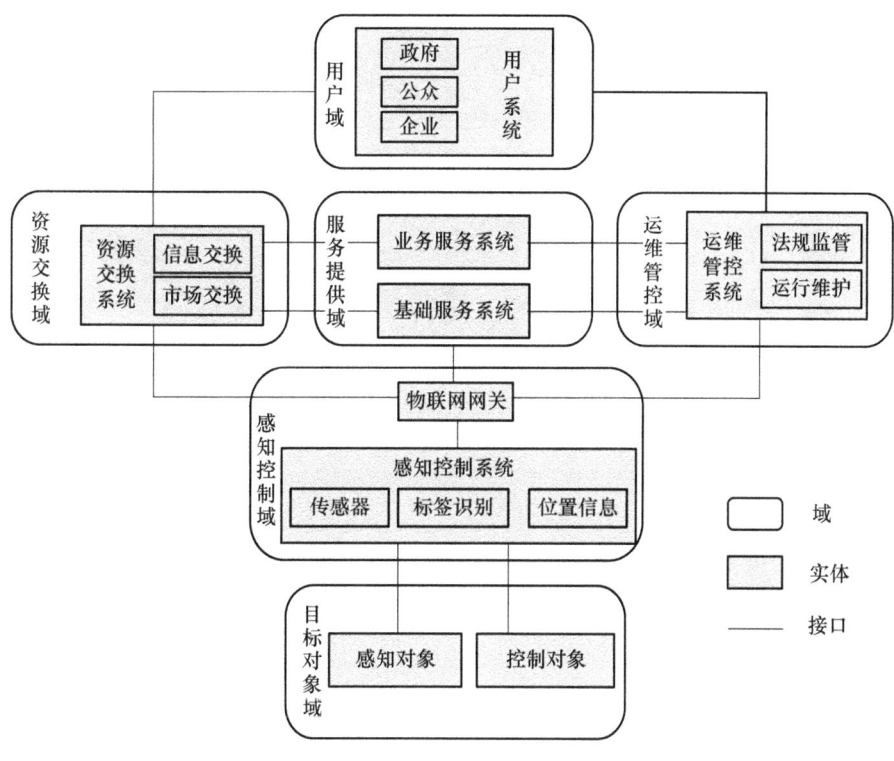

图 2-5 六层体系架构[5-6]

2.2.4 七层体系架构

2014 年,由 Cisco、IBM、Rockwell 和其他机构组织的物联网世界论坛委员会发布了一个七层体系架构[4]。七层体系架构分别为物理设备与控制器层、连接层、边缘计算层、数据汇集层、数据抽象层、应用层、协作与进程层,并将安全性设置贯穿于每一层,如图 2-6 所示。该七层体系架构从技术的角度剖析了物联网系统,为人们提供了一个更容易理解的技术架构方式。

1)物理设备与控制器层

物理设备与控制器层是物联网中的"物"所在的那一层,包括各类传感器、信号收发设备、机器和各类智能边缘节点等,负责数据的采集、接收和发射等功能,支持通过网络查询、接收和控制。

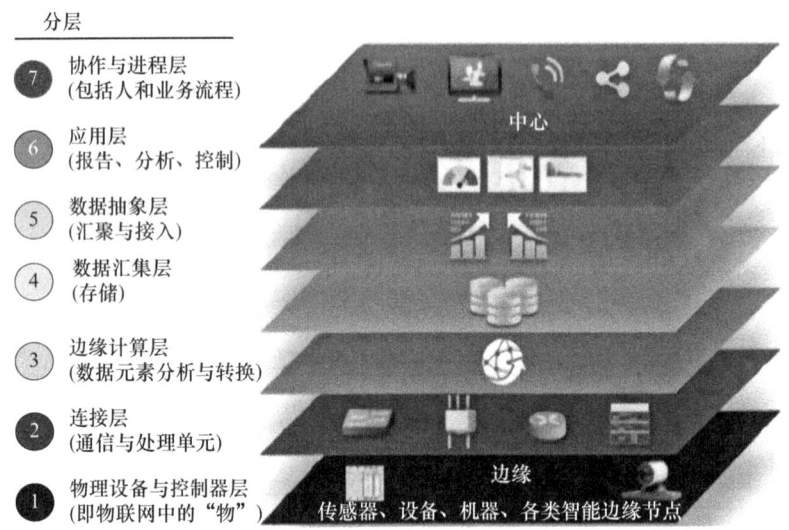

图 2-6 七层体系架构[8]

2)连接层

七层体系架构中连接层的功能如图 2-7 所示。连接层为物理设备与控制器层和边缘计算层建立可靠、实时的数据传输通道,具体包括建立物理设备与控制层设备间的通信、在网络中可靠地传输信息、路由和交换数据、执行协议转换和提供网络安全防护等。

3)边缘计算层

七层体系架构中边缘计算层的功能如图 2-8 所示,利用边缘侧的设备过滤、分析、处理数据并转换成更有利于连接层系统存储和处理的格式,以减少需要连接层处理的数据量。其设计核心在于信息处理应当尽量提前进行,且尽可能地靠近网络边缘。

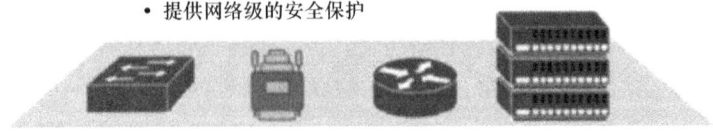

图 2-7 七层体系架构中连接层的功能

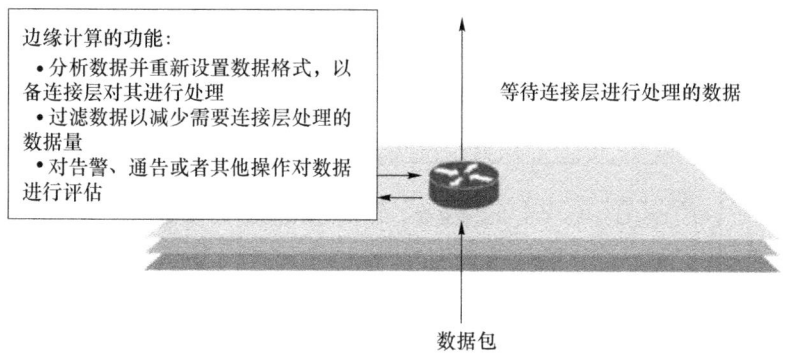

图 2-8　七层体系架构中边缘计算层的功能

4）数据汇集层

数据汇集层负责数据的汇聚和存储,将描述事件的数据转化为基于查询的信息方式,以备应用在必要时使用这些数据。该层可以用简单的 SQL,或者更复杂的 Hadoop 和 Hadoop 文件系统、Mongo、Cassandra、Spark、NoSQL 等解决方案来实现。

5）数据抽象层

数据抽象层负责不同类型数据格式转换,使多源异构数据能够使用相同的方式表意。对数据集的完整性进行核查,统一将数据存储在相同位置,或利用虚拟化技术将数据存储在不同空间。

6）应用层

应用层调用下层的数据,对数据进行分析和控制,并利用数据分析的结果提供分析报告。典型的物联网应用模式有:监控、流程优化、警报管理、统计分析、控制逻辑、物流、消费者购物等。

7）协作与进程层

协作与进程层主要是使用和共享各类应用信息。物联网信息的协作与进程涉及的步骤多,通信机制相对复杂。该层是物联网系统的重要部分,能够改变商业流程,落实物联网带来的优势。

2.3　天空地一体化物联网的体系架构

天空地一体化物联网体系架构是指导设计和实现天空地一体化物联网系统所遵循的一系列技术架构和原则,明确了天空地一体化物联网系统的组成部分和各组成部分之间的关联关系。考虑到天空地一体物联网系统信息采集、传输与处理的特殊性,参考传统地面物联网的体系架构,将天空地一体化物联网的体系架构划分为四层,分别为感知层、网络层、平台层和应用层,如图 2-9 所示。此外,安全技术贯穿于天空地一体化物联网系统的信息感知、传输、处理与应用的全流程中。

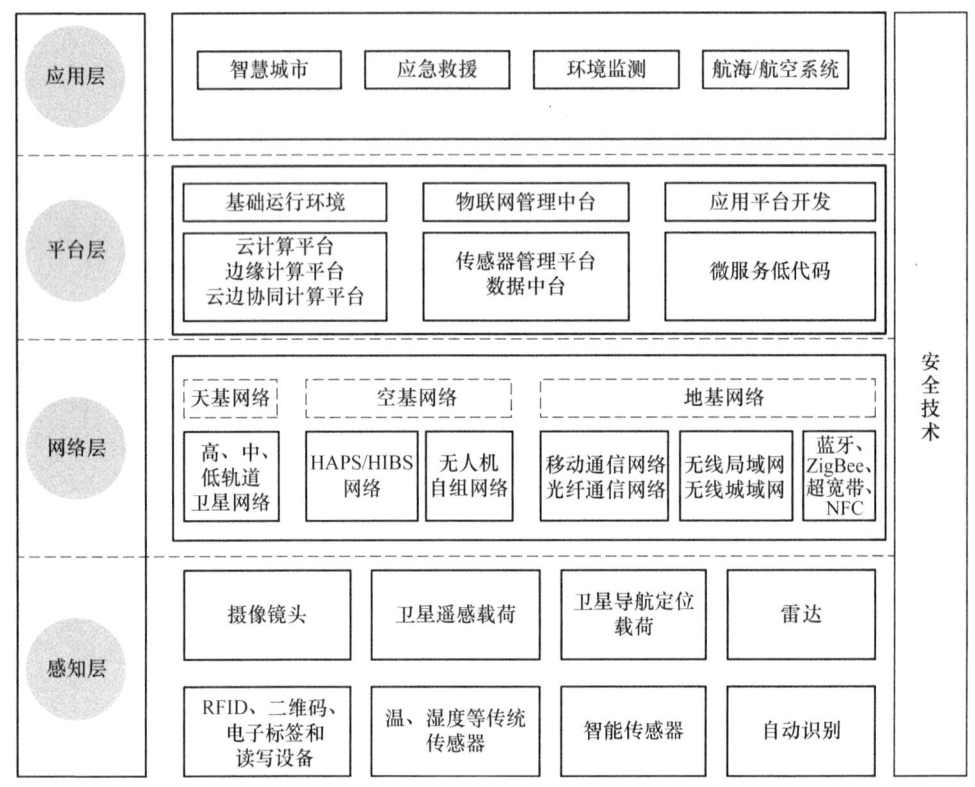

图 2-9 天空地一体化物联网体系架构

2.3.1 感知层

感知层是天空地一体化物联网的最底层,主要包括各类传感器和信息采集设备等,是天空地一体化物联网的"感觉器官"。感知层的主要作用是通过各类传感器/信息采集设备采集待测对象的某些特征信号,并将这些特征信号转化为数字信息,通过天空地一体化物联网的网络层传输至后端应用系统。

虽然天空地一体化物联网感知层的作用与传统地面物联网一致,但信息来源和传感器的部署方式存在较大的差异,其采集信息来源不再局限于地面,还包括空中和太空等领域。具体表现在以下几个方面。

(1) 传感器直接部署于不同轨道的卫星上,简称天基传感器。天基传感器主要包括分布于不同轨道高度的遥感、导航定位、电子侦察等卫星的有效载荷。这类感知节点数量相对较少,但获取信息范围大、单点感知业务量大。与地基传感器、空基传感器相比,天基传感器的部署情况比较复杂,价格相对昂贵。值得注意的是,多数天基传感器如遥感、电子侦察有效载荷可独立采集物体信息。但导航定位载荷需要配合地面定位终端设备才能完成定位功能,因此导航定位载荷与地面定位终端共同组成了感知模块。

（2）传感器部署在空中飞行器上,简称空基传感器。空基传感器主要包括加速度传感器、陀螺仪、超声波测距传感器、激光测距传感器和光学传感器等,用于辅助地面物联网或者天基物联网采集信息。这种情况主要适用于感知节点数量少、单点业务量小的场合。

（3）传感器部署在地面,简称地基传感器。地基传感器主要包括RFID、二维码、电子标签、温度传感器、摄像镜头等,适用于地面网络的感知节点数量多、单点业务量小的场合。

2.3.2 网络层

网络层位于天空地一体化物联网感知层的上一层,主要作用是保障信息安全可靠传输,为上层提供网络服务,是天空地一体化物联网的"血管"。天空地一体化物联网网络是以地基网络为依托,以天基网络和空基网络为拓展的立体分层、融合协作的网络。天空地一体化物联网网络主要由天基网络、空基网络和地基网络三部分组成[7]。

天基网络主要由高轨卫星、中轨卫星、低轨卫星及其搭载的通信载荷组成,为天空地一体化物联网提供覆盖全球的通信服务。天基网络利用太空中不同轨道面的通信卫星作为信息中继或交换节点,通过信关站与陆地、海洋、空中和太空中的各类用户终端建立通信链接,是地面网络的有效扩展。

空基网络主要由飞行器及其搭载的空基载荷组成,具有灵活快速构建的特点。空基网络包括高空通信网络（HAPS/HIBS）、无人机自组网络等。利用飞行器及其有效载荷搭建的空基网络,一方面可以与地面用户建立通信链接,是地基网络的有效补充。另一方面,可作为接入节点,将信息中继给天基网络,是天基网络的重要补充。

地基网络主要由移动蜂窝网络、互联网、自组网等网络组成。地基网络涉及多种网络,按照通信距离可以划分为近距离无线通信技术、中远距离无线通信技术和远距离无线通信技术。其中,典型的近距离无线通信技术包括蓝牙、ZigBee技术、超宽带技术、NFC近距离无线通信技术。中远距离无线通信技术包括无线局域网、无线城域网。远距离无线通信技术包括移动通信网络、光纤通信网络等。地基网络是天空地一体化物联网的基础承载,也是最靠近用户的网络。

天空地一体化物联网将天基网络、空基网络和地基网络各种异构网络进行融合,为用户提供简便智能的泛在接入和全域时敏的物联网服务。

2.3.3 平台层

平台层位于天空地一体化物联网网络层的上一层,主要作用是为天空地一体化物联网提供数据存储、数据处理、传感器管理、数据应用等所需的基础硬件、软件和算法支撑,是天空地一体化物联网的"大脑"。平台层主要包括基础运行环境、物联网管理中台和应用平台开发等内容。

基础运行环境是天空地一体化物联网分析处理各类感知数据的基础。在天空地一体化物联网系统中,需要对海量多源异构的传感数据进行存储、分析处理,同时要支撑分析处理这些数据的软件运行,因而需要构建基础运行环境,以提升系统运行效率、降低任务处理时间。典型的基础运行环境包括云计算平台、边缘计算平台和云边协同计算平台,用于提供底层的基础运行环境。

物联网管理中台在天空地一体化物联网中主要扮演各类传感设备、通信设备、数据的管理者角色。一方面,天空地一体化物联网中存在海量感知节点接入地基网络、空基网络和天基网络的需求,需要对海量感知节点进行管理,以避免由碰撞、冲突造成的资源浪费以及对信息传输时效性和完整性的影响;另一方面,天空地一体化物联网系统中的数据来源于空、天、地、海等不同区域、不同网络,具有实时、海量、多源异构等显著特点,许多应用数据没有得到有效整合,存在数据缺失、数据质量和数据利用率低等问题。这就要求系统能够整合分散数据,进行数据挖掘和分析,迅速形成数据服务能力,为上层服务的运营决策提供数据支撑[8]。物联网管理中台能够提供设备管理和数据管理功能,是保障天空地一体化物联网系统稳定、高效运行的重要前提。

应用平台开发为天空地一体化物联网提供了一系列的应用程序接口和开发工具、测试工具、部署工具和文档等资源。应用平台开发的目标是降低物联网软、硬件的开发门槛,通过开发工具包提供通用开发模板,缩短开发周期的同时提供高速的数据分析能力,为上层提供准确、高效的数据服务。典型的应用平台开发方法包括微服务和低代码。

平台层为空天地一体化物联网提供海量传感、网络设备管理,海量、多源异构数据分析处理以及上层应用服务快速开发等功能,解决传统物联网平台与卫星、空中节点地面管理平台融合问题,实现对数据管理和控制的一体化整合,是物联网系统的重要组成部分。

2.3.4 应用层

天空地一体化物联网的应用层主要完成服务的发现和呈现功能。通过利用平台层提供的数据为不同的用户提供按需服务。根据业务特点,大致可以分为数据采集类应用(海洋、森林等环境监测)、控制类应用(军事指挥、航空调度)以及广播类提供的应用(灾害应急、救援定位)等。应用层服务是物联网存在和发展的根本,软件开发技术和智能控制技术的发展极大丰富了物联网的应用种类。与此同时,物联网应用在社会生产、生活中的普及,在带来巨大利润的同时又能够反哺产业链,极大地促进了产业链配套技术的发展。

此外,天空地一体化物联网系统进行数据采集、传输和处理的过程中,存在感知节点暴露、节点高动态移动、无线信道开放、海量信息交互处理等现状,这对天空地一体化物联网系统的安全性提出了较高的要求。需要针对存在的安全风险,研究对应的安全防护策略,保证天空地一体化物联网系统安全运行具有重要意义。

2.4 天空地一体化物联网的组成

天空地一体化物联网主要由天基、空基和地基三部分组成,如图 2-10 所示,其中天基部分主要由分布于不同轨道上的卫星和卫星地面站组成;空基部分主要由各类飞行器和有效载荷、空基地面站组成;地面部分的组成相对复杂,主要由互联网、移动蜂窝网络、各类传感器和终端设备组成。下面详细介绍天空地一体化物联网的组成部分。

2.4.1 天基部分

天基部分主要由分布于不同轨道面上的卫星和卫星地面站等组成,是天空地一体化物联网实现全球无缝连接、广域覆盖的关键组成部分。

1. 卫星

卫星主要由卫星平台和有效载荷两个部分组成。

卫星平台用于承载各类有效载荷,通常分为星载计算机分系统、星载电源分系统、星载轨道与姿态控制分系统、星载推进分系统、星载测控分系统、热控分系统、结构与机构分系统[9]。卫星平台是保证卫星有效载荷执行在轨任务的重要前提。

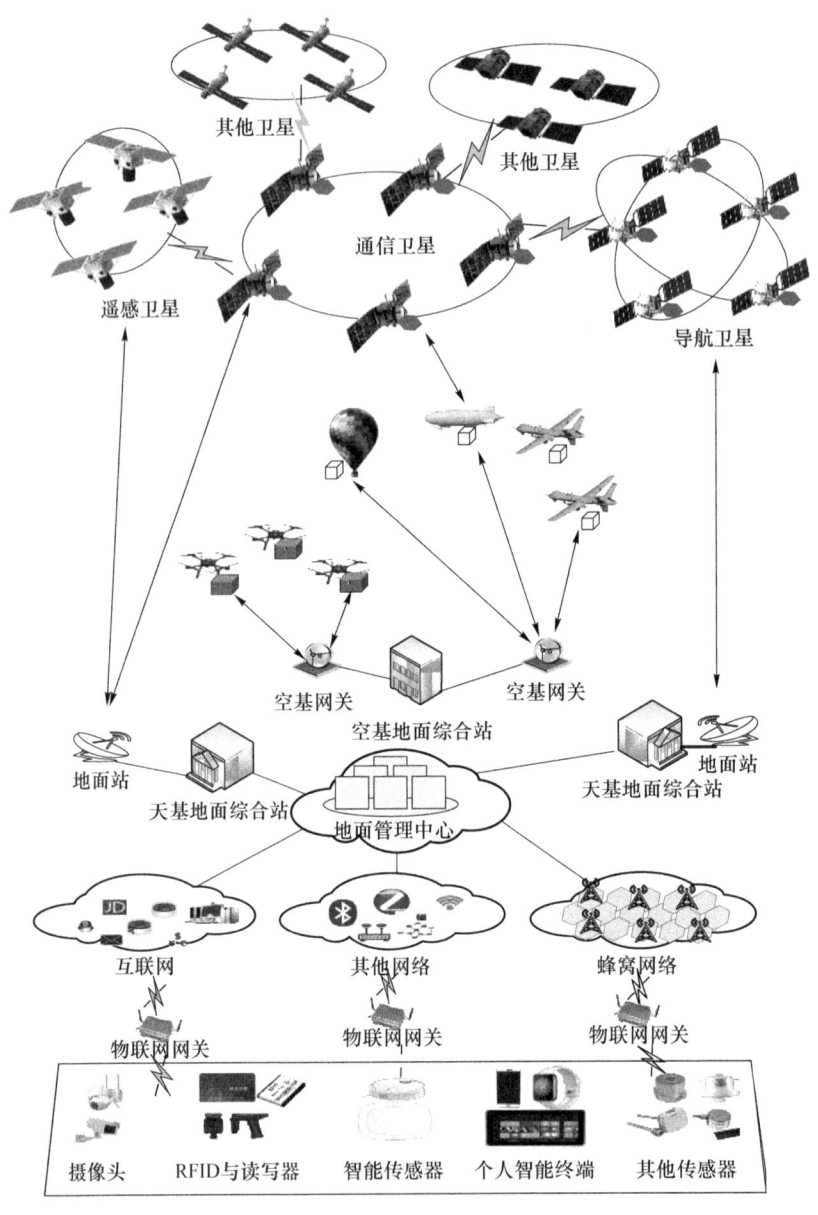

图 2-10　天空地一体化物联网的组成

有效载荷指卫星用于执行特定任务的设备和系统总和,典型的有效载荷包括计算有效载荷、通信有效载荷、导航定位有效载荷和遥感有效载荷等。在天空地一体化物联网系统中,这些有效载荷可以被理解为部署于卫星上的特殊的网络设备或传感器。例如,通信有效载荷的任务是完成卫星节点与地面、卫星节点之间的信息传递,属于天空地一体化物联网系统中的网络层,一般包括天线、转发器两个部分;导航定位有效载荷和遥感有效荷可以理解为天空地一体化物联网系统中的感知层,前者为系统提供统一的时空基准,后者主要完成对地、对空观测等任务。

按照卫星用途,可以将卫星分为通信卫星、导航卫星和遥感卫星等。

1) 通信卫星

通信卫星是用作无线通信信号中继或交换的人造地球卫星。利用通信载荷实现卫星和地面、卫星和卫星之间的通信。按通信业务种类的不同分为固定通信卫星、移动通信卫星、电视广播卫星、海事通信卫星、跟踪和数据中继卫星。通信卫星是世界上应用最早、应用最广的卫星之一,美国、俄罗斯和中国等众多国家都发射了通信卫星。

2) 导航卫星

从卫星上连续发射无线电信号,为地面、海洋、空中和空间用户导航定位的人造地球卫星。天空地一体化物联网系统涉及众多的传感器、网络设备、服务平台和应用软件等,需要有统一的定位和授时服务,保证系统的稳定运行。导航卫星系统位于太空,具有覆盖范围广、稳定性高等特点,能够为天空地一体化物联网系统提供时空基准服务和统一授时服务。世界上四大卫星导航系统分别是美国全球定位系统(GPS)、俄罗斯格洛纳斯卫星导航系统(GLONASS)、欧盟伽利略卫星导航系统(GALILEO)和中国北斗卫星导航系统(BDS)。

3) 遥感卫星

遥感卫星是用作对地观测的人造地球卫星。遥感卫星根据任务需求利用星载传感器对地球表面和底层大气进行观测,以获取相关信息,是天空地一体化物联网实现广域感知的重要手段。其中,星载传感器一般分为红外遥感、可见光遥感、SAR 遥感以及雷达成像等。遥感卫星可用于监测农业、林业、海洋、国土、环保、气象等变化情况。

2. 卫星地面站

卫星地面站位于地球表面用于给卫星发射信号或接收卫星下发的信号,主要由发射机、接收机、天线、跟踪、地面接口等系统组成[10]。通常按地面站提供的服务类型或功能将其分为固定卫星服务地面站、广播卫星服务地面站、移动卫星服务地面站。按地面站的使用情况将其分为单功能站、关口站和远端传送站等。在本书中,我们统一称其为地面站。

2.4.2 空基部分

空基部分主要由飞行器、空基载荷和空基地面站组成。空基部分在整个天空地一体化物联网系统中,位于天基部分和地基部分的中间,能够快速按需构建,是天基网络和地基网络的有效补充。下面主要介绍飞行器、空基载荷。

1. 飞行器

飞行器依靠空气的静浮力或空气相对运动产生的空气动力升空飞行,常用的飞行器包括固定翼无人机、多旋翼无人机、无人直升机、飞艇、高空气球等。不同类型的飞行器飞行高度不同,而飞行高度决定了其覆盖范围和使用场景。例如,固定翼无人机适用于在中等高度区域覆盖和灵活部署;小型无人机和飞艇适合在城市和农业等局部区域提供快速部署和移动的通信服务;高空气球和高空长航时无人机的飞行高度较高,能够覆盖大范围区域,并提供长期稳定的通信支持。根据环境和应用场景的不同,选择不同类型的飞行器,为物联网用户提供高效、可靠的物联网服务。

以无人机为例,典型的无人机系统由飞行平台、动力装置、航电系统、地面系统等部分组成[11]。其中,飞行平台是无人机的主体,是无人机的基础组成部分,将动力装置、任务载荷、航电系统等集成于一体,实现无人机的空中飞行;动力装置主要由各种类型的发动机组成,为无人机飞行提供动力;航电系统包括飞控系统、导航系统、机载电源和空中交管,为无人机飞行和控制等提供支撑;地面系统包括指挥控制、起降控制、地面站和通信链路等,主要用于无人机的日常管控和任务规划。

2. 空基载荷

空基载荷是指挂载在飞行器上的完成特定任务的设备,又称为空基有效载荷。根据执行任务的类型,可以将空基有效载荷分为通信载荷、光电载荷、导航载荷等。下面以通信载荷和光电载荷为例,简要介绍其功能。

通信载荷的主要作用是为地面终端提供通信中继或路由的功能,为物联网终端用户提供网络服务。无人机利用通信载荷向其他无人机或地面终端设备发送无线信号、图像、视频等信号。这些通信载荷一般是超高频和甚高频无线电通信设备。与卫星中继相比,无人机中继具有组织灵活、成本低等特点。

光电载荷主要用于环境监测、特定区域监视等。按功能光电载荷可分为光学相机、红外行扫描仪、电视摄像机等。现阶段光学相机主要以数码相机为主,利用光电耦合器件代替了传统的交卷式感光成像,可直接生成计算机可识别的图像,具有分辨率高、实时性好的优势。红外行扫描仪是一种用于夜视监查的成像设备,利用扫描镜收集红外辐射源,并将这些辐射源投射到红外探测器上,形成红外图像,具有自身隐蔽性好、不受目标欺骗的优势。电视摄像机又称为电荷耦合器件电视摄像机,是一种固态的电荷耦合器件,具有体积小、重量轻、功耗低、灵敏度高等优势,在无人机中广泛使用。

2.4.3 地基部分

与天基部分和空基部分相比,地基部分的构成相对更为复杂,技术也更为成熟。它包含了多种传感器、物联网网关、空基地面站、信号中继站、移动蜂窝网络、互联网及自组织网络、云平台等,主要部署于人口相对集中的区域。地基部分在天空地一体化物联网系统中,提供强大计算能力、海量数据存储能力、高数据传输速率、低成本覆盖以及支持海量连接,主要部署于人口相对聚集的地区。按各设备/设施在空天地一体化物联网中的功能,可以将地基部分组成划分为以下几类。

1. 地基传感器

地基传感器种类和数量庞大,负责天空地一体化物联网系统的信息采集。按工作原理可以将这些传感器分为声学传感器、光学传感器、力学传感器和磁场传感器等;按能量类型可以将这些传感器分为能量转化型传感器和能量控制型传感器;按传感器输出信息可以将这些传感器分为模拟传感器和数字传感器(详见第3章)。射频传感器、雷达测距传感器、光纤振动传感器和CMOS图像传感器是天空地一体化物联网中使用频率较高的传感器。

2. 地基网络

典型的地基网络包括蜂窝网络、光纤通信网络、自组网等,这些地基网络由多个软件系统和硬件设备组成。在天空地一体化物联网系统中,地基网络种类多、各种网络异构,需要解决异构网络融合的问题。下面简要介绍蜂窝网络和光纤通信网络。

蜂窝网络是一种移动通信硬件架构,分为模拟蜂窝网络和数字蜂窝网络。常见的蜂窝网络类型有:GSM网络、CDMA网络、3G网络、FDMA、TDMA、PDC、TACS、AMPS等。蜂窝网络主要由移动站、基站子系统、网络子系统组成。其中,移动站就是网络终端设备。基站子系统包括日常见到的移动基站、无线收发设备、专用网络、无数的数字设备等,负责有线网络和无线网络的交互。网络子系统则用于放置计算机系统设备、交换机、闭路电视控制设备等。

光纤通信网络是一种以光纤为传输介质的通信网络,主要由电发射机、光发射机、光接收机、电接收机和光纤组成,具有通信容量大、中继距离远、抗电磁辐射、体积小、质量轻等优势,是地基网络的重要组成部分。光纤通信的核心在于使用光纤作为传输介质,基于光的全反射和光纤的波导效应进行传输。光纤由纤芯、包层和涂覆层组成,将光信号束缚在纤芯中传输。光纤通信网络使用的协议包括Ethernet、SONET/SDH、OTN等,用于控制光信号的传输、交换和路由,从而确保光纤通信网络的高效、稳定和安全运行。

3. 地面管理中心

地面管理中心是天空地一体化物联网的核心部分,是所有物联网数据最终的汇聚地,负责系统的日常运行、监管维护、系统管理等工作。一方面,地面管理中心包括了天空地一体化网联网的云计算管理平台、物联网中台等,能够对天空地一体化传感设备、网络设备等进行监控、管理,对汇聚到地面的各类传感数据、网络数据等进行分析处理,为用户提供物联网服务;另一方面,地面管理中心是天空地一体化物联网的日常运行管理平台,负责天基网络、空基网络和地基网络的日常运行,特别是负责天基网络和空基网络的遥测遥控、任务规划等工作。

本 章 小 结

天空地一体化物联网架构指导天空地一体化物联网的顶层规划、设计、论证与实现,明确了系统的各个组成部分及其之间的关联关系,是开发人员构建天空地一体化物联网时需要遵从的原则。了解体系架构的设计原则,能为天空地一体化物联网的理论学习和系统研制提供理论和技术基础支撑。

本章首先从传统物联网的体系架构入手,为读者详细阐述了四大类典型的物联网体系架构,为读者介绍了每种体系架构的组成、各层的作用等内容,包括三层体系架构、四层体系架构、六层体系架构和七层体系架构;其次,按照信息感知、传输、处理与应用的工作流程,将天空地一体化物联网的体系架构划分为感知层、网络层、平台层和应用层,为读者详细阐述了每一层在体系架构中的位置、实现的功能以及其与传统物联网体系架构的区别等内容,帮助读者更好地理解天空地一体化物联网;最后,为读者介绍了天空地一体化物联网的组成部分。本章从空间域的角度将天空地一体化物联网划分为天基部分、空基部分和地基部分,为读者介绍了每个组成部分的典型组成内容,帮助读者更直观地了解空天地一体化物联网系统,同时为后续章节的学习打下基础。

参 考 文 献

[1] 谈潘攀,陈俐谋. 物联网体系架构的研究[J]. 软件,2020,41(4):38-41.

[2] 丁飞,张登银,程春卯.物联网概论[M].北京:人民邮电出版社,2021.

[3] 刁兆坤,曹世强,孟繁丽.物联网"云管端"的技术发展与应用[J].电信工程技术与标准化,2012,25(6):36-41.

[4] 汉斯.物联网(IoT)基础 网络技术+协议+用例[M].李成华,译.北京:人民邮电出版社,2021.

[5] 中国电子技术标准化研究院国家物联网基础标准工作组.物联网标准化白皮书[EB/OL].(2016-01-19)[2024-05-31].https://www.hudsonpower.cn/wp-content/uploads/2019/12/%E7%89%A9%E8%81%94%E7%BD%91%E6%A0%87%E5%87%86%E5%8C%96%E7%99%BD%E7%9A%AE%E4%B9%A6.pdf.

[6] 全国信息技术标准化技术委员会.物联网 参考体系结构:GB/T 33474—2016[S].北京:中国标准出版社,2016.

[7] 吴巍.天地一体化信息网络发展综述[J].天地一体化信息网络,2020,1(1):1-16.

[8] 郝晓伟,武汉伟,高旭瑞,等.数据中台架构的主数据平台及关键技术设计[J].微型电脑应用,2022,38(11):186-189.

[9] 张更新.现代小卫星及其应用[M].北京:人民邮电出版社,2009.

[10] 阿尼尔·K·迈尼,迈尔沙·阿格拉沃尔.卫星技术:原理篇[M].刘家康,译.北京:北京理工大学出版社,2019.

[11] 贾玉红.无人机系统概论[M].北京:北京航空航天大学出版社,2020.

第3章

感 知 层

3.1 概 述

感知层是天空地一体化物联网的最底层,其主要任务是通过各类传感器采集待测对象的特征信号,并将这些特征信号转化为数字信息,通过天空地一体化物联网的网络层传输至后端应用系统。依据信息理论中的定义,感知系统从被测环境或物体中所获得信息的多少和质量的高低主要由传感器的性能和功能所决定。从这个意义上说,天空地一体化物联网感知层的核心技术就是传感技术,基础支撑就是传感器。因此,传感技术与传感器已成为衡量一个国家科学技术水平高低的重要标志之一,我国在"十五五"规划中也已将传感器作为一项重点科技攻关领域[1]。

传感技术是指利用物理、化学、生物学等基础原理,通过测量某种特定信息并将其转化为电信号进行传输、处理、控制和反馈的技术。当今世界正在进行新的一轮技术革命,这场技术革命以信息技术为主导,传感技术作为信息技术最重要的支柱性技术之一受到了世界各国高度重视,有些西方发达国家已将传感技术放在与通信技术、计算机技术同等的地位。随着现代科学技术的不断进步,传感技术在工业自动化、环境监测、航天航空、国防军工、医疗诊断和其他学科的应用日益增多,对于各个学科发展也起到了积极的推动作用[2]。

传感器是指能够感知特定被测信息,并且按照某种规律将其转换为可利用信号的设备或器件的统称。传感器作为一种特殊的电子元器件在现代科学技术中起着非常重要的作用,自然界中各种物理量、化学量、生物量等信息的获取都依赖于传感器。目前,我国已在传感器的基础技术研究与市场推广应用等方面有了较大发展,并初步建立传感器的设计、研制、生产、测试等规模化运维系统,并且在数控机床、监控系统仪器等方面取得了众多可喜可贺、举世瞩目的发明专利和研究成果[3]。但是从总体来看,我国传感器及其应用系统不具备全球市场竞争力,自主研发的传感器性能水平还无法满足国家新质生产力快速发展的需求,特别是有许多传感器零部件、数据应用系统以及开发 EDA 软件仍需依靠进口。因此,需要把握传感器的发展新趋势,努力提高我国传感器行业的国际竞争力。

本章首先从传感技术的发展趋势出发,为读者介绍了传感器的迭代更新历程,使读者能够了解传感器的发展历史与未来趋势;其次,重点介绍常见传感技术的基本原理,帮助读者了解信息感知的科学机理;最后,以典型传感器及其应用系统作为案例,让读者能够对传感技术有更为具体的认识,并对传感器的基本组成与工作流程产生更为深刻的印象,从而更加全面地了解天空地一体化物联网感知层的基本内涵与功能作用。

3.2 传感技术的发展趋势

传感技术作为人类从大自然中获取信息的主要方式,对被测对象某一明确信息进行感知并响应,使其按一定规则转化为相应可输出的信号,是现代科学技术的神经末梢。在现代科学技术领域里,传感技术也是一项应用广泛而又十分重要的基础工程技术,因其在科学研究与生产过程中,能将需要得到的信息转换成易于传递与处理的电信号,使其成了现代电子信息产业中不可缺少的组成部分。与此同时,传感技术也是现代科学技术发展到较高水平时出现的一门新兴技术学科,如果将计算机技术比喻为一个感知与鉴定信息的"大脑",通信技术比喻为一个信息传递的"神经系统",那么传感技术就是感知与获取信息的"感觉器官"。

3.2.1 传感技术的发展阶段

传感技术的起源时间可以追溯到 20 世纪中叶。当时,传感技术虽然已经有很多先进的研究成果,但大部分仍然处于实验研究阶段,许多传感技术直到 20 世纪末才逐渐走入大众的视野[4]。根据不同阶段传感器的功能特性,传感技术可大致分为三个发展阶段。

第一代传感技术主要是通过传感器内部结构参量的变化,完成待测信号的采集与转换。电阻应变式传感器就是典型代表之一,它利用金属材料在弹性形变过程中电阻值发生的变化,从而实现电信号转化[5]。

第二代传感技术主要利用半导体、电介质等材料独特物理特性来感知待测对象的特定信息[6]。由于这类传感器具有灵敏度高、体积小、质量轻、结构简单和价格低廉等优点，因而被广泛应用于工业检测领域。如利用材料的热电、霍尔、光敏等物理特性，可制造热电偶、霍尔和光敏等固体传感器[7]，例如，电荷耦合器件（CCD）、集成温度传感器 AD590、集成霍尔传感器 UGN3501 等。这代传感器的主要特点是造价低廉、可靠性高、性能优良以及接口灵活，因此得到了十分快速的发展，目前已经占据了传感器市场约三分之二的份额，并在不断向低价格方向发展多功能、多场景的系列化产品与解决方案[8]。

第三代传感技术将传感元件按一定要求组合在一起，构成一个整体并能完成某种功能的最小处理系统[9]。这代传感器带有微处理机，具有采集、处理、交换信息的能力，是传感元件集成化与微处理机相结合的产物。它将信号调整电路、信号存储器和信号输出输入接口整合在芯片中，使得传感器具备了一定的智能性，具有软件重构与自适应学习能力[10]。

3.2.2 传感器的分类

传感技术经过长期的迭代发展，衍生出的传感器种类也越来越丰富，对应的分类规则也越来越复杂。目前，国际上缺乏制定国际标准的准则与规范，尚未制定出权威性的传感器标准类型，主要有以下三种分类方法。

1. 按工作机理分类

1）声学传感器

声学传感器是指一种可以检测声波并将声音信号转换为电信号或其他形式信号的器件，常用于检测噪声、声音识别、环境监测、医疗诊断等领域。

2）光学传感器

光学传感器是指能敏锐感应紫外光到红外光的光能量，依据光学原理进行测量，并将光能量转换成电信号的器件。光学传感器具有许多优点，如非接触和非破坏性测量，在遥感成像、高速传输等领域具有广泛应用。

3）力学传感器

力学传感器是指一种将力的量值转换为相关电信号的器件。力是引起物体运动变化的直接原因，力学传感器能检测张力、拉力、压力、重量、扭矩、内应力和应变等力学量，并实现力学量到电信号的转换。

4）磁场传感器

磁场传感器是指把电磁场、电流、应力应变、温度、光等外界因素引起敏感元件磁性能变化转换成电信号，以这种方式来检测相应物理量的器件。磁场传感器已经广泛应用于现代工业和电子产品中，通过感应磁场强度来测量电流、位置、方向等物理参数。

2. 按能量类型分类

1）能量转化型传感器

能量转化型传感器无需额外的能量供应，通过传感器内部相应的能量转换器件获取能量，然后将采集的信息转换成相应的电信号信息，这类传感器的工作原理一般是依据物理效应来工作，如热电偶温度计、弹性压力计等[11]。

2）能量控制型传感器

能量控制型传感器需要有外加的电源供应才能实现信息的变换，如电容式传感器、电阻式传感器等。

3. 按输出信号分类

1）模拟传感器

模拟传感器以结构简单、体积小、价格低廉而被广泛采用。当前，随着微电子技术的飞速发展，出现了以集成运算放大器为基础的各种新型模拟传感器，模拟传感器的种类也大大超过了数字传感器。

2）数字传感器

数字传感器能直接输出数字信号，其优势在于能直接与外部设备互联，使得传感器应用系统的可靠性与精确度取得了极大的提高。同时，数字传感器还有非常强的抗干扰能力，具备经远距离传输信号依旧保真的优势。

如上文所述，当今信息技术有三大技术支柱，分别为传感技术、通信技术以及计算机技术。然而，传感技术同通信技术和计算机技术相比，其发展成熟度远远落后，但随着社会信息化程度的加深，生产生活对各维度信息的需求增加，传感技术作为获取、传输及处理信息资源的主要途径和手段，逐步得到了各个国家的重点关注，越来越多的传感技术在实际生产、生活中得到了广泛应用，并已成为现代化科技的前沿领域之一。

3.3 传感技术的原理

目前，各类传感器感知的物理信息主要有声学、光学、力学以及磁场四大类，本节对这四类传感技术的基本工作原理进行归纳总结。

3.3.1 声学传感

声学传感的工作原理是基于声波的传播和互相作用,通过接收声波并将其转换为电信号,从而实现声音的检测和测量。一般来说,声波是通过介质(如空气、水、固体等)中的分子或粒子之间的压缩和稀疏传播的。声学传感的工作原理可以根据其类型和技术有所不同,主要有以下三类具体传感技术原理。

1. 静电变换型声波传感

静电变换型声波传感的基本原理如图 3-1 所示,当声波作用于膜片时,膜片发生相应的振动,于是就改变了它与固定基板之间的距离,从而使电容量发生变化,而电容量的变化可以转化为电路中电信号的变化。因此,通过这样一个物理过程就可以把声波的振动转变为电路中相应的电信号,并由负载电阻输出。

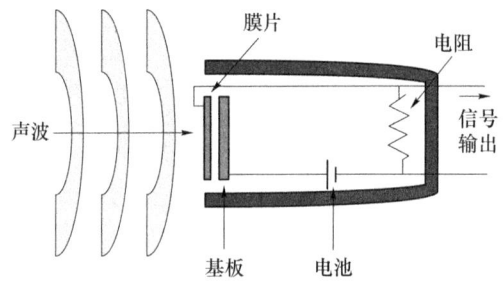

图 3-1 静电变换型声波传感的基本原理

2. 电阻变换型声波传感

按转换原理将这类声波传感分为阻抗变换型和接触阻抗型声波传感两种。其中,阻抗变换型声波传感是由电阻丝应变片或半导体应变片粘贴在感应声压作用的膜片上,当声压作用在膜片上时,膜片产生形变使应变片的阻抗发生变化,检测电路会输出电压信号从而完成声电转换;接触阻抗型声波传感的一个典型实例是碳粒式送话器,如图 3-2 所示,当声波经空气传播至膜片时,膜片产生振动,在膜片和电极之间碳粒的接触电阻发生变化,从而调制通过送话器的电流,该电流经变压器耦合至放大器放大后输出。

3. 电磁变换型声波传感

电磁变换型声波传感的基本原理如图 3-3 所示,使用恒定通量磁路,由磁铁和软铁组成磁路,磁场集中在磁铁芯柱与软铁形成的气隙中。在软铁的前部装有振动膜片,其上带有线圈,线圈套在磁铁芯柱上位于强磁场中。当振动膜片受声波作用时,带动线圈切割磁力线,产生感应电动势,从而将声信号转变为电信号输出。

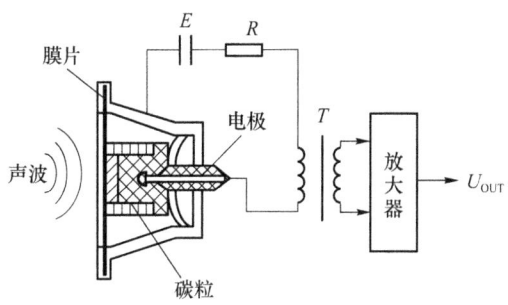

图 3-2 接触阻抗型声波传感的基本原理

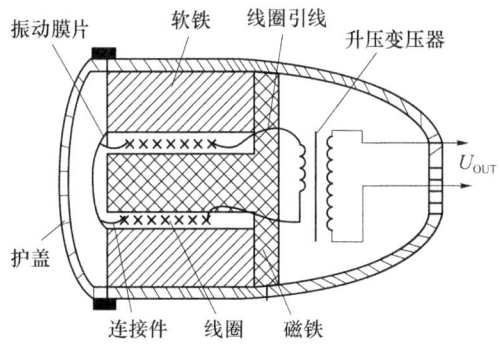

图 3-3 电磁变换型声波传感的基本原理

总的来说,声学传感系统通常包含声波接收器、信号处理电路和输出装置这三个部分。声波接收器也称为传声器,它负责将声波转换为电信号。当声波到达传声器时,它会使传声器内部的振动元件(如振膜、压电元件等)产生振动,从而产生电信号。信号处理电路主要负责接收到的电信号需要经过信号处理电路进行放大、滤波、去噪等处理,以便提取出有用信息并增强传感性能。处理后的电信号可以通过输出装置(如放大器、显示器、记录器等)输出,便于读取和分析声音传感器捕捉到的信息。

3.3.2 光学传感

光学传感的基本工作原理是基于光的物理性质,主要包括光的散射、反射、吸收、透射等过程,实现光信号向电信号的转化,主要有以下四类具体传感技术原理。

1. 光电效应

光电效应是一种基于光电检测的光学传感技术原理。传感元件通常使用光电二极管或光电三极管,当光照射到传感元件时,光子的能量会导致光电元件中的电子从价带跃迁到导带,产生电荷或电流。通过测量电荷或电流的变化,可以得到光照强度、光照位置等信息。光电效应的传感机理又可分为内光电与外光电效应。

内光电效应是指当光照射到某些物体上时,光量子会引起物体材料产生电化学性质的变化,如电阻率会改变,从而产生光生电动势,如图 3-4 所示[12]。内光电效应可以分为两类:①由于光照而改变材料的导电特性;②由于光照而改变材料的电位差。

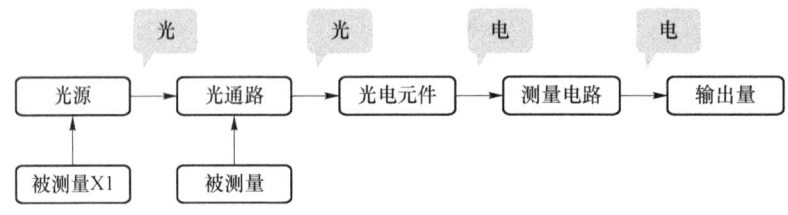

图 3-4 内光电效应的基本原理

外光电效应是指光子射到某些物质(如金属和金属氧化物)表面时,由于光子的能量使得物质表面的自由电子获得足够的动能,从而逃逸出物质表面,并在电场作用下形成光电流[13]。外光电效应基本原理如图 3-5 所示。

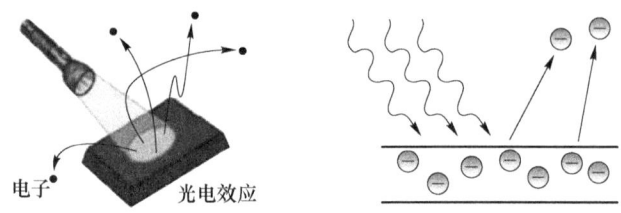

图 3-5 外光电效应的基本原理

2. 反射效应

反射效应是一种基于光的反射现象来测量目标位置、距离或形态的光学传感技术原理,其基本原理如图 3-6 所示。传感元件通常包含一个发光二极管和一个光敏元件(如光电二极管、光电三极管等),发光二极管发射光线,光线经过反射后被光敏元件接收,通过测量反射光的强度、时间延迟或光敏元件的位置,可以得到目标的位置、距离或形态信息。

3. 干涉效应

干涉效应是一种基于光的干涉现象来测量物理量的光学传感技术原理。传感元件通常使用光栅、光纤或其他光学元件,通过测量光的干涉图案或干涉信号的相位变化,可以得到物体的位置、形态、振动等信息。

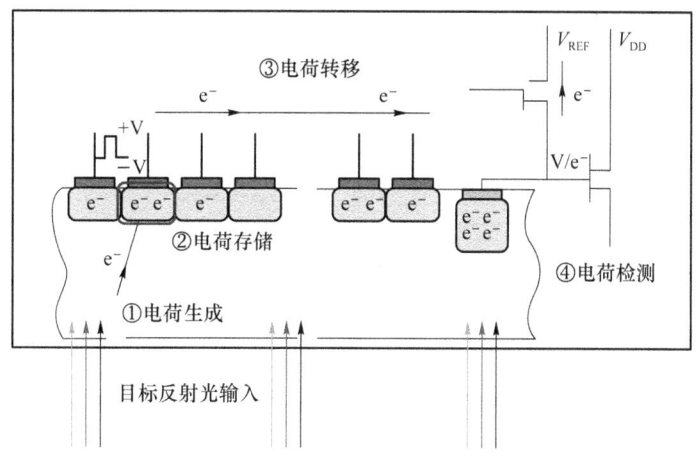

图 3-6 反射效应的基本原理

4. 散射效应

散射效应是一种基于光的散射现象来测量物体性质或参数的光学传感技术原理。传感元件通常通过测量光线在物体上散射的强度、方向或频率变化,来得到物体的性质、浓度、形态等信息。

3.3.3 力学传感

力学传感是一种用于测量物体受到的力或压力的过程,其输出信号通常是电阻、电压或电流,后端应用系统通过校准和计算,可以将输出信号转换为力的具体数值,主要有以下四类具体传感技术原理。

1. 应变效应

应变效应是一种最常见的力学传感技术原理,其测量原理如图 3-7 所示。传感元件通常使用金属或半导体材料制成,基于材料在受到外力作用时发生的应变现象,即材料的形状和尺寸会发生微小的变化,当受到外力作用时,传感元件会发生微小的形变,导致电阻、电容、电感等电性质发生变化,从而测量得到力的大小。

2. 压阻效应

压阻效应是指当半导体和金属机械受到应力作用时,由于应力引起能带的变化,使其电阻率发生变化的现象,其测量原理如图 3-8 所示。压阻传感器通常包含一个灵敏的压敏电阻元件,当受到外力作用时,电阻值会发生变化,从而可以通过测量电阻值的变化来得到力的大小。

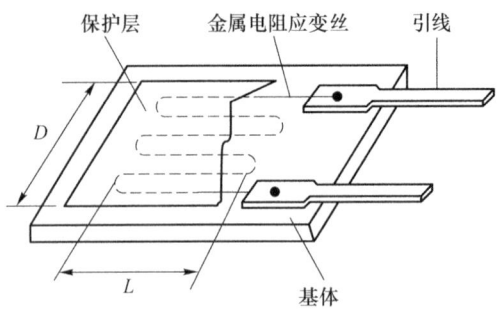

图 3-7　应变效应的测量原理

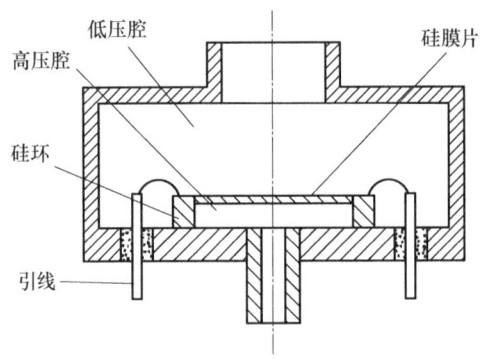

图 3-8　压阻效应的测量原理

3. 挠曲效应

挠曲效应是一种机电耦合效应,它描述了非均匀变形(如应变梯度)诱导的材料极化现象,以及电场梯度诱导的材料应变现象,测量原理如图 3-9 所示。传感元件通常是一根细长的悬臂梁或弹性梁,当受到外力作用时,悬臂梁或弹性梁会发生微小的挠曲变形,从而可以通过测量挠曲变形的大小来得到力的大小。

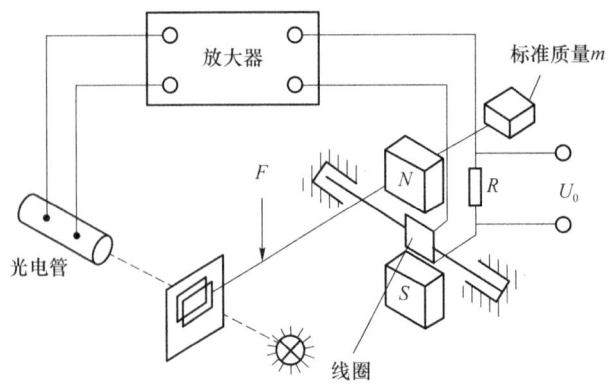

图 3-9　挠曲效应的测量原理

4. 压电效应

压电效应是一种特定材料在受到外力作用时会产生电荷或电压的现象,压电效应示意图如图 3-10 所示。传感元件通常使用压电材料,当受到外力作用时,材料会发生形变,从而产生电荷或电压,通过测量电荷或电压的变化来得到力的大小。

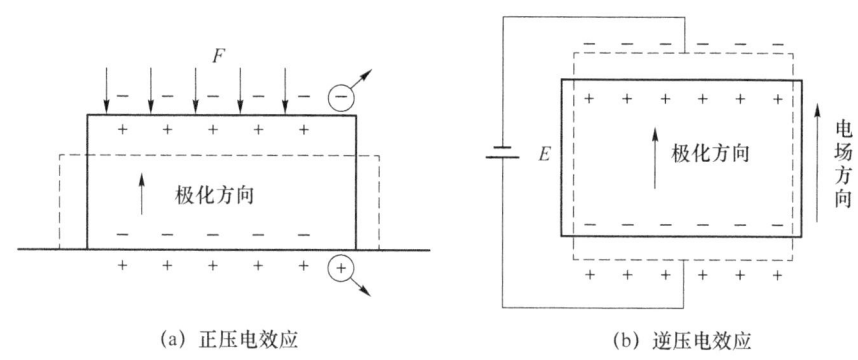

(a) 正压电效应　　　　　　　　(b) 逆压电效应

图 3-10　压电效应示意图

3.3.4　磁场传感

磁场传感的基本工作原理是把电流、应力、应变、温度、光等外界因素引起敏感元件磁性能变化转换成电信号,以这种方式来检测相应物理量,主要有以下三类具体传感技术原理。

1. 霍尔效应

霍尔效应是指在通过一段导电材料中的电流受到磁场作用时,产生电压差的现象。基于霍尔效应的磁场传感系统通常包含一个导电材料,当外加电流通过该材料时,磁场作用导致材料两侧产生不同的电压,从而检测磁场的强度和方向。基于霍尔效应的磁场传感原理如图 3-11 所示。

2. 磁阻效应

磁阻效应是指在某些材料中,其电阻值会随着磁场的变化而发生改变。基于磁阻效应的传感系统通常包含一个磁敏感材料,当外加磁场作用于该材料时,其电阻值会发生变化,从而通过测量电阻值的变化来检测磁场的强度和方向。基于磁阻效应的磁场传感原理如图 3-12 所示。

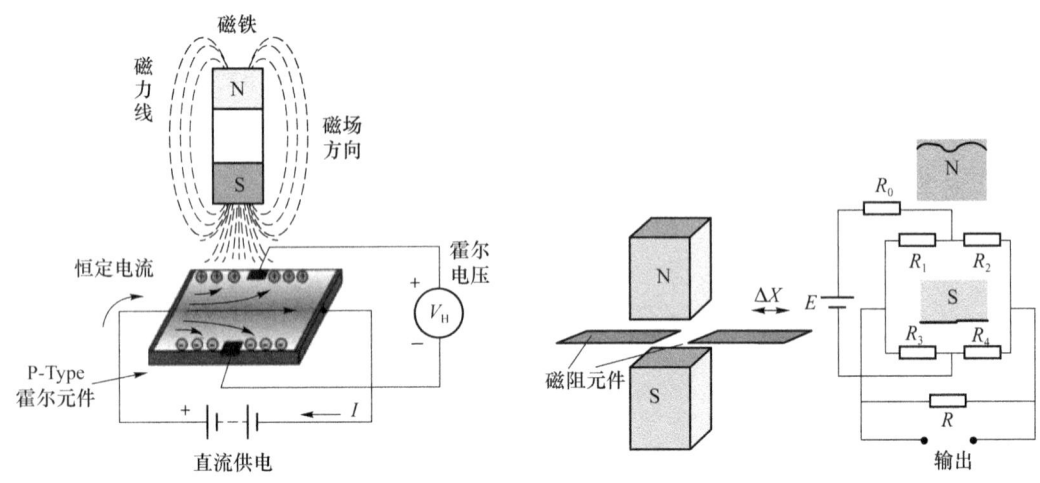

| 图 3-11 基于霍尔效应的磁场传感原理 | 图 3-12 基于磁阻效应的磁场传感原理 |

3. 电磁效应

电磁效应是指当导体中的磁通发生变化时，会在导体中产生感应电动势。基于电磁感应的磁场传感系统通常包含一个线圈或线圈组合，当外加磁场的磁通发生变化时，线圈中会产生感应电压，从而通过测量感应电压的变化来检测磁场的强度和方向。基于电磁效应的磁场传感原理如图 3-13 所示。

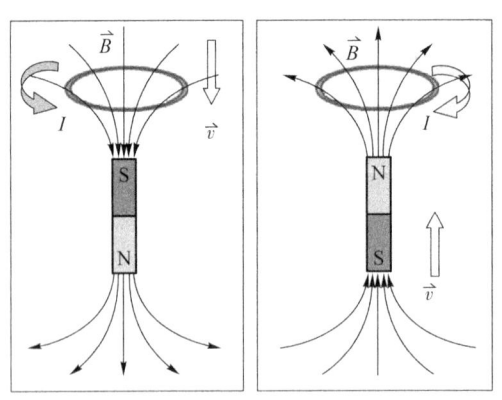

图 3-13 基于电磁效应的磁场传感原理

3.4 典型传感器及其应用

上一小节对这几类典型传感技术的基本工作原理进行了阐述，本节通过介绍四类典型传感器的基本组成、工作流程、典型应用等,让读者进一步了解传感技术与传感器在天空地一体化物联网中所发挥的信息感知作用。

3.4.1 射频识别传感器

射频识别(Radio Frequency Identification,RFID)是一种非接触式传感技术,其工作的关键在于通过交变磁场或电磁场将信息传递,将RFID传感器中的信息传递出来,从而完成数据交互与目标识别[14]。

1. 基本组成

RFID传感器一般附着在目标物体上,由耦合电路、天线以及RFID芯片所组成,如图3-14所示。每个RFID传感器具有唯一的一个电子编码,因此能够建立起一一对应的关系。同时,RFID传感器的整个数据交互过程无须人工干预,受工作环境影响很小,具有读写速度快、功耗低、可靠性高和抗干扰能力强等优点。

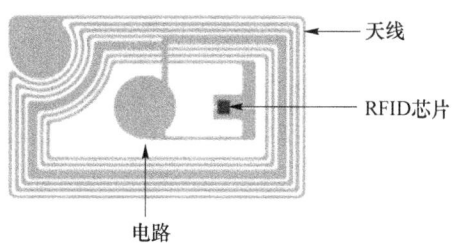

图3-14　RFID传感器的组成

基于RFID传感器的射频识别系统主要由RFID传感器、外置天线、读写器以及应用软件三个部分组成(图3-15)。

1) 外置天线

外置天线能发射射频信号激活RFID传感器,建立读写器与RFID传感器之间的通信链路。

2) 读写器

读写器分为便携手持式或快速识别固定式,用于读取RFID传感器内部信息或向RFID传感器写入相关信息。

3) 应用软件

应用软件可根据RFID传感器实现的不同功能进行特定开发,一般与读写器搭配使用,能对RFID传感器中的信息进行读写和控制,并且自动收集记录RFID传感器历史信息,为之后的数据发掘做铺垫。

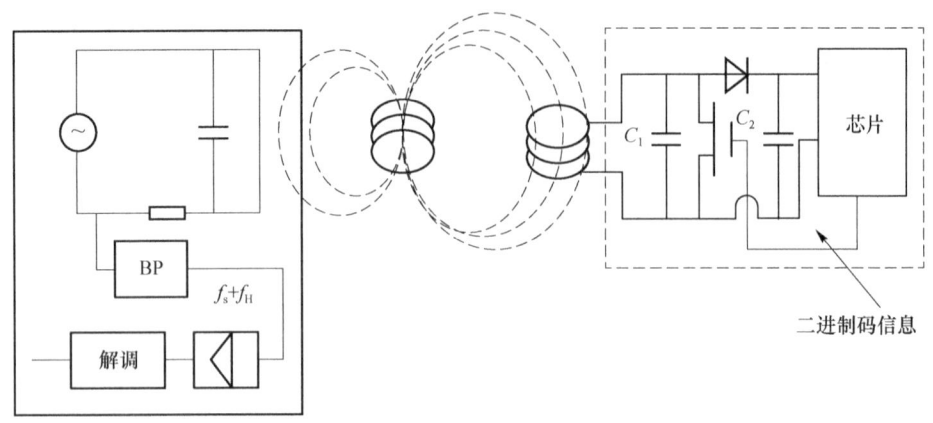

图 3-15 射频识别系统的组成

2. 工作流程

基于 RFID 传感器的射频识别系统的工作流程主要分为三个步骤,如图 3-16 所示。

(1) 当 RFID 传感器靠近读写器的射频信号区域后,天线激活得到感应电流再经升压电路作用后可作为传感器的电源。

(2) RFID 传感器的天线被激活并产生感应电流,感应电流随后通过射频前端电路检验获得感应电流所携带的信号,并将所获得数字信号传输至逻辑控制器中的电路进行处理。

(3) 当逻辑控制电路从存储器中获得相对应的回复信息之后,将其返回至射频前端电路,并经由天线发送至读写器。

由以上过程可知,射频天线是 RFID 传感器中保证数据链路正常工作的必要条件,其作用主要体现在:由于 RFID 传感器无源,因此需要其天线通过在读写器所产生的电磁场中获取一定水平的能量以启动标签电路工作;RFID 传感器和读写器间的通信信道和方式也由天线完成。

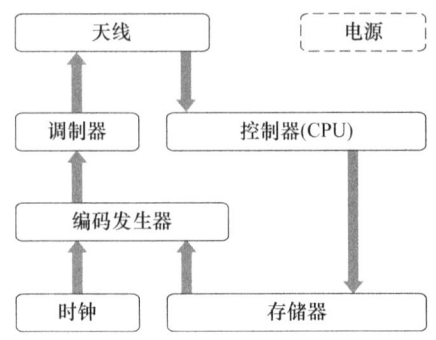

图 3-16 RFID 传感系统的工作流程

3. 体系标准

RFID 传感器已经发展得比较成熟,并具有相应的标准体系,主要包括:技术标准、应用标准、数据内容标准和性能标准。目前,常用的 RFID 国际标准主要针对动植物识别、非接触式智能卡识别、集装箱及零售商品三大场景,接下来将对这三大场景中所用到的 RFID 标准进行简述。

1)动植物识别的 ISO 11784 与 ISO 11785 标准

用于动植物识别的 RFID 传感器的代码结构和技术准则分别由 ISO 11784 标准和 ISO 11785 标准规定,动物识别的电子标签可根据动植物的外形表征进行定制,使得尺寸和结构更能与动植物结合,防止掉落,如已广泛应用的动物项圈、动物耳标和植物扎带等[15]。动植物识别采用 64 位代码结构,其中的 27~64 位可由各个国家自行定义。表 3-1 为进行动物识别时的标准数据结构说明。

表 3-1 动物识别时的标准数据结构说明

位序号	信息	说明
1	动物应用:1 非动物应用:0	应答器是否用于动物识别
2~15	保留	未来应用
16	后面有数据:1 无数据:0	识别代码后是否有数据
17~26	国家代码说明使用国家	999 表明市测试应答器
27~64	国内定义	唯一的国内专有登记号

2)非接触式智能卡识别的 ISO 15693 标准与 ISO 14443 标准

1995 年开始,非接触式智能卡逐渐走入人们的视野,为了统一市场的标准,ISO 15693 标准[16]和 ISO 14443 标准[17]于 2000 年正式发布,两套标准的共同点在于都采用 13.56 MHz 作为交变信号的载波频率,不同点在于读写距离的差距。ISO 15693 标准配套的天线发射功率更高,使得其读写距离较远,如高速收费路口的 ETC 设备。相较于 ISO 15693 标准,ISO 14443 标准工作时的读写距离稍近,但其应用场景更加常见,该技术的一个主要应用就是居民身份证,采用的就是 ISO 14443 标准 TYPE B 协议。ISO 14443 标准有 TYPE A 与 TYPE B 两种协议,通信速率均为 106 Kbit/s,通过调制载波传送信号。副载波频率皆为 847 kHz。两种协议的区别在于载波的调制深度及位数的编码方式,TYPE A 协议采用改进的 Miller 编码方式,调制深度为 100% 的 ASK 信号,开关键控为 Manchester 编码。TYPE B 协议则采用 NRZ 编码方式,采用 NRZ-L 的 BPSK 编码,调制深度为10%的ASK信号,使得TYPE B协议由于调制深度和编码方式的不同,与TYPE A协议相比具有传输能量不中断、速率更高、抗干扰能力更强的优点,因此在生产与生活中应用得更加广泛。

3) 集装箱识别的ISO 10374标准

集装箱识别的场景为有源识别,只要集装箱位于识别场内,就会对散射的调制载波信号做出响应。基于此识别场景,ISO 10374标准应运而生[18],其工作频率为850～950 MHz及2.4～2.5 GHz,信号在两个副载波频率40 kHz和20 kHz之间被调制,ISO 10374标准还可用微波的方式表征光学识别的信息。

4) 零售业商品识别的ISO 18000标准

ISO 18000标准专门用于零售业商品的供应链[19],它是在已有RFID传感器厂商的产品规格及标签架构的基础上制定的规范,采用空气接口协议,可使用多种数据的内容和数据的结构,符合EPC系统的编码结构。ISO 18000-6标准、EPC系统编码结构再与ONS架构结合,即形成了一个完整的零售业商品供应链。

4. 典型应用

自2004年起,全球范围内掀起了一场RFID传感器应用的热潮,它的快速发展和推广应用将是自动识别行业的一场技术革命,并被业界公认为是21世纪最具潜力的技术之一,包括沃尔玛、宝洁、波音公司在内的商业巨头无不积极推动RFID传感器在制造、物流、零售、交通等行业的应用。

1) 生产线自动化及过程控制

随着现代商品经济的发展,高端制造商品种类繁多,私人定制的需求激增,制作工序更是指数级上升,因此,人们将射频识别系统应用到生产线的自动化控制、自动化装配过程中,极大地改进了生产方式,并提高了生产效率。例如,汽车装配生产线,通过在装配生产线上使用射频识别系统,可以保证流水线各位置能有序且准确地完成任务,使原本复杂的过程高度自动化,极大地提高了生产效率。与此同时,在工业过程控制中,制作工序中的特殊环境要求,RFID传感器几乎成了唯一的选择,如半导体生产要求的无尘环境、化工厂的腐蚀性环境等。

2) 物品跟踪与管理

射频识别技术应用于物品跟踪与管理,即可记录该商品的运输全流程。同时,可与微型的全球定位系统(Global Positioning System,GPS)设备相结合,还可实时反馈物品的位置,实现对物品的跟踪。目前,成熟的射频识别技术为电子物品监视系统(Electronic Article Surveillance,EAS)[20]。EAS可对物品的流动过程进行跟踪,加强出、入库的日常管理。EAS广泛应用于超市、图书馆,事先将物品贴上 EAS 电子标签,当物品未授权情况下被拿走,EAS 检测系统会发出警报;当物品经过授权时,EAS 电子标签会失效,同时记录相关人员及物品的流动情况等信息。

3) 仓储管理

射频识别系统在仓储系统的管理中主要应用于以下两个方面:①无人仓库建设;②仓库货物管理。通过射频识别系统与无人驾驶技术、自动机器人技术等结合起来,由网络传输管理者要求的货物出、入库计划,实现仓库的无人化与自动化,高效地完成各种操作,如指定货物的堆放区域、自动上架取货与自动补货等。射频识别系统极大地提高了仓储管理的工作效率,提升了空间的重复利用率并降低了劳动力成本。

4) 高速 ETC 收费

高速路口的自动收费 ETC 系统充分应用了 RFID 传感器非接触识别的优势,实现了快速识别、无人操作,有效解决了收费站交通拥堵的问题。ETC 系统的射频识别天线一般设置在道路的上方,系统的读写频率 5.8 GHz 左右,当车辆经过天线时,位于车前挡风玻璃上的 RFID 传感器被识别,当车辆经过收费路口时会自动放行,同时费用也会自动从用户的账户上扣除。

3.4.2 雷达测距传感器

雷达是一种典型的测距传感器,其通过收发无线电磁波信号发现目标并测定它们的空间位置,从而计算出与测量目标之间的距离。

1. 基本组成

各种雷达测距传感器的具体用途与结构不尽相同,但其基本组成是一致的,包括发射机、接收机、天线、信号处理机以及指示器,此外,通常还包括电源设备、数据录取设备、抗干扰设备、收发开关等辅助设备。雷达测距传感器基本组成如图 3-17 所示。

1) 发射机

发射机能产生短时间的高功率射频能量脉冲,这些无线电能量脉冲可以通过天线发射到空中。

2) 接收机

接收机能通过天线接收从空中反射回来的回波,并做一些简单的处理。比如,接收机首要的处理任务就是将接收的微弱回波信号进行低噪声放大,否则后级的信号处理机也无法处理这种微弱难以识别的信号。

3) 天线

天线可以将发射机的能量信号传输到空中,同样,也可以把空中的能量信号接收回接收机。像常见的脉冲天线是收发共用的,所以还需要高速开关装置来协助切换天线的"发射"和"接收"工作模式。

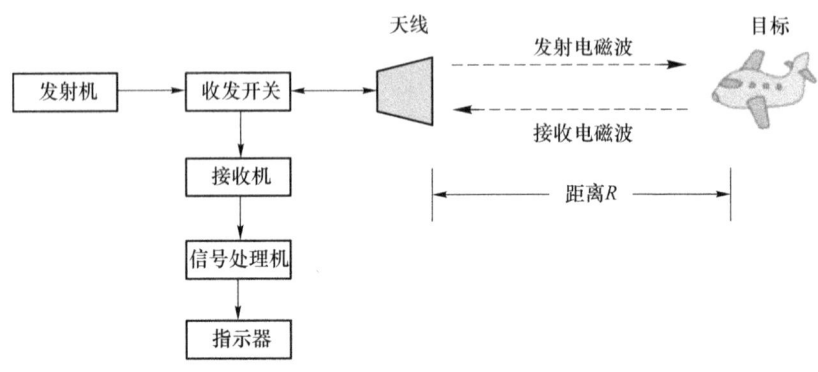

图 3-17 雷达测距传感器的基本组成

4) 信号处理机

信号处理机好比整个系统中的大脑。它最主要的目的,就是消除一些不需要的信号杂波、干扰,并加强目标产生的回波信号。同时还涉及一些算法,让其对杂波(干扰)和真正目标产生的回波作出判决。

5) 指示器

指示器其实就是一个显示设备,主要是为了给使用人员提供一个易于理解分析的图像信息。

雷达测距传感器的大多数功能都与时间有关。雷达测距传感器作用时间示意图如图 3-18 所示,脉冲之间的时间为 T,通常被称为脉冲重复时间(pulse repetition time,PRT),也被称为脉冲重复间隔(pulse repetition interval,PRI)。雷达测距传感器的脉冲重复频率(pulse repetition frequency,PRF),指雷达每秒发送的脉冲数,用 f 表示:

$$f = PRF = \frac{1}{PRT} = \frac{1}{T}$$

即为脉冲重复时间的倒数,脉冲重复频率会影响雷达的最大非模糊距离,即系统的最大探测距离。

在每个脉冲重复时间内,雷达仅发射能量 τ 秒,τ 称为脉冲宽度,在余下的 PRT 中接收回波或等待,故雷达发射占空因子 d_t 的定义是

$$d_t = \frac{\tau}{T}$$

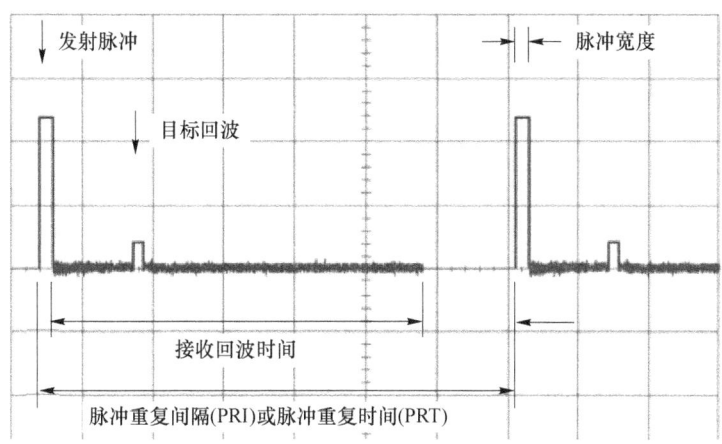

图 3-18 雷达测距传感器作用时间示意图

则雷达测距传感器平均发射功率为

$$P_{av}=P_t d_t$$

其中,P_t 表示雷达测距传感器峰值发射功率。脉冲能量表示为

$$E_p = P_t t = P_{av} T = \frac{P_{av}}{f}$$

2. 工作流程

雷达测距传感器的工作流程如图 3-19 所示。雷达测距传感器以大致相同的方式使用电磁能量脉冲实现对物体方位信息的探测,发射波传输到反射物体并从反射物体反射,小部分反射波返回雷达测距传感器。

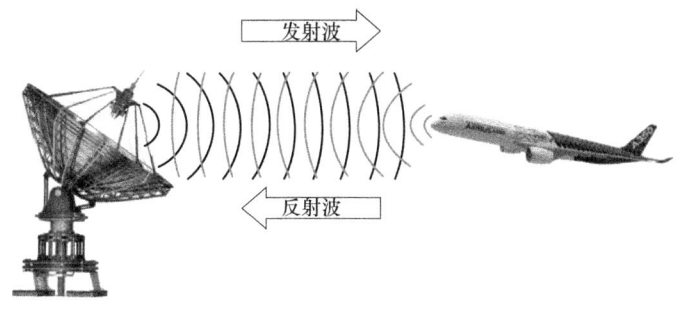

图 3-19 雷达测距传感器工作流程

雷达测距传感器之所以能实现对目标距离等方位信息的探测,与电磁波的传播特性密切相关。首先,电磁波在空间中通常是以恒定的速度沿直线传播的,但会因大气和气候条件的改变而略有不同;其次,电磁波在空气中以接近光的速度传播,当电磁波遇到障碍物时会被反射;最后,通过对电磁回波的探测,根据电磁波的性质,对电磁波进行数据处理

和分析即可得出所测量目标的方位信息。

雷达测距传感器主要工作流程主要分为六个步骤：

(1) 切换天线至发射工作模式；

(2) 雷达发射机产生并发射短时高功率射频脉冲；

(3) 切换天线至接收工作模式；

(4) 天线接收来自目标的后向散射回波信号，并引导至接收机；

(5) 接收机处理收到的回波信号，并将其转换为视频信号输出；

(6) 指示器呈现连续、易于理解的目标相对位置的图像。

3. 典型应用

雷达测距传感器在通信和导航、海洋监测、目标探测、军事等领域都有广泛的应用。

1) 通信和导航

雷达测距传感器可以作为通信和导航的手段之一。例如，雷达反射信号可以用于卫星通信，实现广域覆盖、高速率的数据传输。此外，雷达还可以作为导航传感器，用于高精度的定位、导航和姿态控制。

2) 海洋监测

雷达测距传感器可以通过对海洋表面的监测，获取海洋的海浪、海况、海流、海洋温度等信息，对海洋环境、气候变化、海洋资源开发等进行监测和研究。

3) 目标探测

雷达测距传感器可以用于探测和监视地面、水面、空中的目标，如船只、飞机、车辆、人员等。这对于边境监控、海上救援、应急响应等具有重要作用。

4) 军事应用

雷达测距传感器在军事领域中也有广泛应用。例如，雷达测距传感器作为侦察、监视、目标识别、导弹预警等手段，对军事情报和作战决策具有重要作用。

3.4.3 光纤振动传感器

光纤振动传感器具有高灵敏度、宽响应频带、大动态范围、频率响应曲线平坦、线性度高等特点，适用于强电、强磁、强电磁干扰、核辐射、雷电以及危险气体等极端复杂环境下的高精度振动测量需求。

1. 基本组成

光纤振动传感器用于采集环境中的振动信息，主要基于光纤干涉仪原理，其基本组成如图 3-20 所示。

为了检测微弱振动,采用两芯单模光纤构成平衡光纤干涉仪,当用相干激光器向其发射一束激光,由这两根光纤组成的干涉仪输出干涉光信号,当光纤受到外界侵扰,如挖掘、触碰、敲打等,则干涉光的输出波形改变,并产生干涉图像,通过光探测器可检测到这一波形变化,从而达到微弱振动检测的效果。

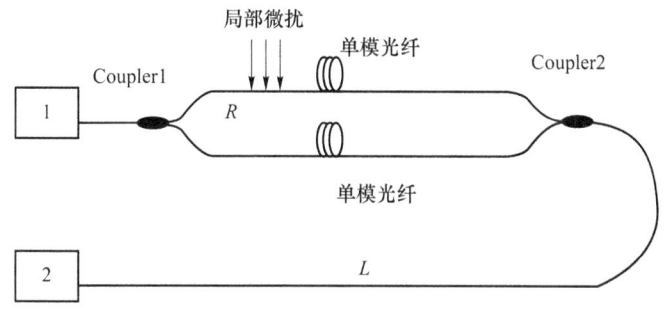

图 3-20　光纤振动传感器的基本组成

2. 工作流程

根据光纤振动传感器的基本组成与检测原理(图 3-21)可知,光纤振动传感器的工作流程主要分为三个步骤,如图 3-22 所示。

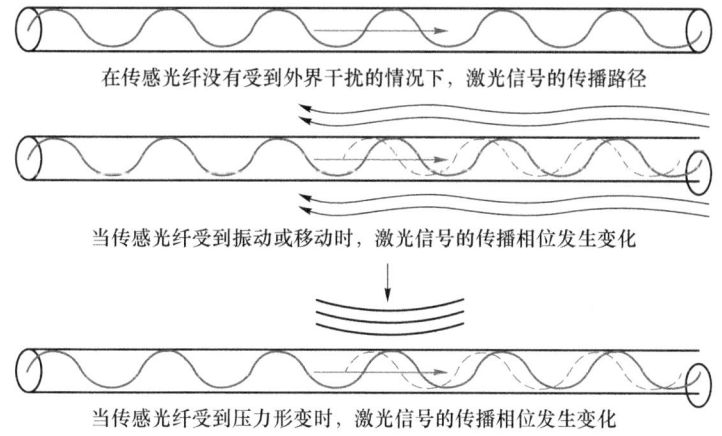

图 3-21　光纤振动传感器的检测原理

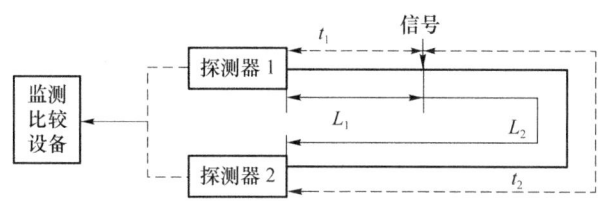

图 3-22　光纤振动传感器的工作流程

1）当传感光纤受到压力作用时，其折射率变化，由折射率变化引起光波的相位变化。

2）当外界声波、振动信号作用于光纤干涉系统的两个干涉臂时，传感光分别向左、右两个方向传输至探测器 1 和探测器 2。

3）监测比较两组干涉光的时间差即可判断振动事件发生的位置。

3. 典型应用

光纤振动传感器具有灵敏度高、抗干扰能力强等优点，被广泛应用于以下领域。

1）结构健康监测

光纤振动传感器可以监测建筑物、桥梁、隧道等大型结构物体的振动状态，提高结构的安全性和稳定性。

2）工业生产监测

光纤振动传感器可以用于监测机器设备的振动状态，发现异常振动，及时进行维修和更换，提高生产效率和设备的使用寿命。

3）地质勘探

光纤振动传感器可以用于石油勘探、地震预警等领域，监测地下岩石和土地的振动状态，获取地下构造信息。

3.4.4　CMOS 图像传感器

现代图像传感器诞生于 20 世纪 60 年代，CMOS 图像传感器（CIS）是当前光学传感器研发的核心赛道，是众多领域的核心传感器件。CMOS 图像传感器在处理速度、能耗成本以及制造和堆叠式结构方面具有优势，能够迅速将光信号转换为电信号，成为当下图像传感器的主流选择。

1. 基本组成

CMOS 图像传感器通常由像素单元阵列、行选择逻辑单元、列选择逻辑单元、定时控制单元、模拟信号处理器、模数转换器、数据总线输出接口等几部分组成，这几部分通常都被集成在同一块硅片上，图 3-23 为 CMOS 图像传感器的基本组成。

外界光照射像素单元阵列，发生光电效应，在像素单元阵列内产生相应的电荷。行选择逻辑单元根据需要，选通相应的行像素单元。行像素单元内的图像信号通过各自所在列的信号总线传输到对应的模拟信号处理器以及模数转换器，转换成数字图像信号输出。其中的行选择逻辑单元可以对像素单元阵列逐行扫描也可隔行扫描。行选择逻辑单元与列选择逻辑单元配合使用可以实现图像的窗口提取功能。模拟信号处理器的主要功能是对信号进行放大处理,并且提高信噪比。为了获得质量合格的实用图像传感器,芯片中必须包含各种控制电路,如曝光时间控制、自动增益控制等。此外,为了使芯片中各部分电路按规定的节拍动作,必须使用多个时序控制信号,如同步信号、行起始信号、场起始信号等。

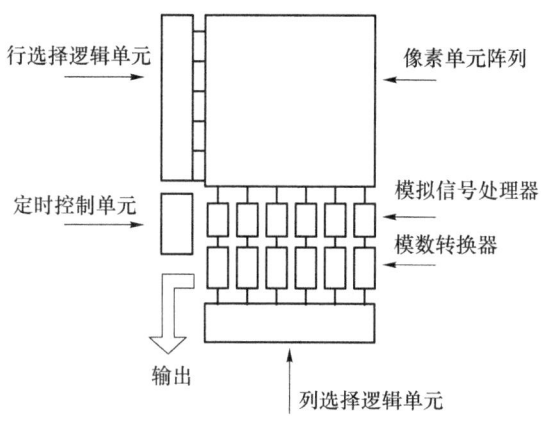

图 3-23　CMOS 图像传感器的基本组成

2．工作流程

根据 CMOS 图像传感器的功能框图(图 3-24),可知 CMOS 图像传感器的工作流程主要分为以下四个步骤。

(1) 外界光照射像素单元阵列,发生光电效应,在像素单元阵列内产生相应的电荷。成像目标通过成像透镜聚焦到图像传感器阵列上,而图像传感器阵列是一个二维的像素单元阵列,每一个像素上都包括一个光敏二极管,每个像素中的光敏二极管将其阵列表面的光强转换为电信号。

(2) 通过行选择逻辑单元和列选择逻辑单元选取需操作的像素,并将像素上的电信号读取出来。在选通过程中,行选择逻辑单元可以对像素单元阵列逐行扫描也可隔行扫描,列同理。行选择逻辑单元与列选择逻辑单元配合使用可以实现图像的窗口提取功能。

(3) 把相应的像素单元进行信号处理与数据输出。行像素单元内的图像信号通过各自所在列的信号总线,传输到对应的模拟信号处理器(Analog Signal Processing,ASP)以及模数转换器(Analog-Digital Converter,ADC),转换成数字图像信号输出。其中,模拟信号处理器的主要功能是对信号进行放大处理,并且提高信噪比。像素电信号放大后送相关双采样 CDS(Correlated Double Sampling)电路处理,相关双采样是高质量器件用来消除一些干扰的重要方法。其基本原理是:由 COMS 图像传感器引出两路输出,一路为实时信号,另一路为参考信号,通过两路信号的差分去掉相同或相关的干扰信号。这种方法可以减少热噪声、复位噪声和固定模式噪声,同时也可以降低噪声,提高信噪比。此外,它还可以完成信号积分、放大、采样、保持等功能。

(4) 信号输出到模拟信号处理器/模数转换器上变换成数字图像信号输出。

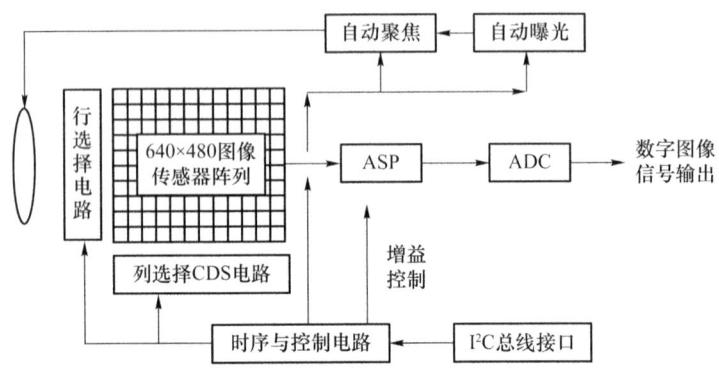

图 3-24 CMOS 图像传感器的功能框图

3. 典型应用

目前,CMOS 图像传感器不仅服务于"传统的"工业图像处理,而且还凭借其杰出的性能和灵活性而被日益广泛的新颖消费应用所接纳。

1) 卫星遥感

目前,在小卫星和微纳卫星领域,小体积、低功耗、低成本、高性能的探测器是星载应用的发展趋势,CMOS 图像传感器因其高集成度、低功耗和低成本等特点将逐步取代 CCD 芯片成为主流探测器。在四维高景一号中,采用 CMOS 图像传感器替代了传统 TDI 的 CCD 芯片,使得卫星图像的信噪比和分辨率得到了显著提升。这种提升不仅体现在图像的整体质量上,还体现在对细节的表现能力上。CMOS 图像传感器的遥感数据如图 3-25 所示。高分辨率的图像能够更准确地反映出地表特征,而高信噪比的图像则能够减少误判和漏判的可能性,从而提高遥感数据的可靠性。

2) 车载摄像

车载摄像头在智能驾驶领域担任"眼睛"角色,伴随自动驾驶技术的进阶,从 ADAS 到 NOA,其数量持续攀升,为更高级别的自动驾驶技术提供关键视觉感知。据 Yole 统计,L3 级自动驾驶汽车需至少 17 个摄像头。随着车载摄像头像素的提升,CMOS 图像传感器的价值有望进一步提升,为自动驾驶技术带来更多可能性。目前,车载 CMOS 图像传感器主要用于环视摄像头,前视摄像头使用较少,且多为单目。预计未来,随着对多目前视摄像头的需求增加,前视 CMOS 图像传感器的出货量将迎来快速增长。据 ICVTank

预测,至 2025 年,全球每辆车的平均 CMOS 图像传感器数量将攀升至 6.6 个,随着 L4、L5 级自动驾驶汽车的广泛普及,车辆对 CMOS 图像传感器的需求将不断攀升。

图 3-25 CMOS 图像传感器的遥感数据

3)安防监控

一方面,CMOS 图像传感器在智能家居中的一大应用是智能安防监控系统。通过搭载高分辨率的 CMOS 传感器,智能摄像头能够实时监测家庭的安全状况,识别异常事件并及时发送警报。这为家庭提供了远程监控的功能,让居民可以随时随地查看家中的情况,增强了家庭的安全感。

另一方面,CMOS 图像传感器在视频门铃等设备中的应用,为家庭远程访客管理提供了方便。通过搭载 CMOS 图像传感器的摄像头,居民可以通过智能手机或其他终端设备实时查看门口的情况,与访客进行双向通话。这增强了家庭的安全性,也为居民提供了更为便捷的远程访客管理方式。

4)智能手机

在智能手机的摄影领域,CMOS 图像传感器正发挥着关键作用,成为推动智能手机摄影技术不断创新的核心技术之一。其高度集成、低功耗和高分辨率等特性,使得智能手机能够拍摄出色的照片和视频。CMOS 图像传感器在智能手机中的突出特点之一是提供高分辨率的影像。随着用户对图像质量的不断追求,高分辨率的照片成为吸引消费者的关键。CMOS 图像传感器通过每个像素的独立转换器,实现了对场景的精准捕捉,使得智能手机的摄像头能够在小巧的空间内实现更高像素密度,提供更为清晰、细腻的图像。

本 章 小 结

感知层是天地一体化物联网的"感觉器官",为天地一体化物联网网络层、平台层以及应用层提供各类数据与信息来源,从物理世界获取信息,实现物理世界和信息世界联系在一起。其中,传感技术与传感器在天地一体化物联网感知层中占据不可替代的核心地位,对传感技术与传感器进行详细阐述是具化天地一体化物联网感知层的最佳方式。

本章首先对传感技术与传感器的发展历史、现状以及趋势进行描述,并给出了传感器的三种主要分类方法;其次,对声学、光学、力学以及磁场等应用广泛的传感技术基本原理进行阐述,明晰各物理量转换至数字信号的底层机理;再次,在此基础上,对射频识别、雷达测距、光纤振动以及 CMOS 图像等四类典型的传感器进行详细介绍,结合声学、光学、力学、磁场等传感机理,通过阐述各类传感器的基本组成、工作流程,让读者更为清晰地了解各类传感器的运行原理与使用模式;最后,结合各类传感器的功能与特性,分别引入各自具体的使用实例与应用场景,让读者对传感技术与传感器在天空地一体化物联网感知层中发挥的作用获得更为直观的认识,以便更好地理解天空地一体化物联网以及天空地一体化物联网感知层的内涵与联系。

参 考 文 献

[1] 四部委联合发布《加快推进传感器及智能化仪器仪表产业发展行动计划》[J]. 中国仪器仪表,2013(2):15.

[2] POULARIKAS D A. Handbook of formulas and tables for signal processing[D]. Boca Raton:CRC press,2018.

[3] 杨棚,何勇军. 智慧生活场景下的物联网行业发展研究[J]. 科技与金融,2022(8):73-76.

[4] 丁镇生. 传感器及传感技术应用[M]. 北京:电子工业出版社,1998.

[5] 金篆芷,王明时. 现代传感技术[M]. 北京:电子工业出版社,1995.

[6] 侯国章,肖增文,赖一楠. 测试与传感技术[M]. 3 版. 哈尔滨:哈尔滨工业大学出版社,2009.

[7] 曾昆,宋书彬,王辉,等. 分布式结构型态传感器:CN202020796877.7[P]. 2020-11-27.

[8] 鲍敏杭,吴宪平. 集成传感器[M]. 北京:国防工业出版社,1987.

[9] 逄玉台,王团部. 集成温度传感器 AD590 及其应用[J]. 国外电子元器件,2002(7):22-24.

[10] 闫军. 智能传感器[J]. 自动化博览,2002,19(4):46-47.

［11］孙敏."新型传感技术"知识讲座——第七讲 智能传感技术[J].自动化仪表,1987(2):45-47.

［12］席军,刘廷华.PTC热敏电阻的开发应用现状[J].塑料,2005,34(4):79-84.

［13］姜民.半导体内光电效应及其应用简介——对高中物理教材中光电效应部分内容的补充与探讨[J].教育实践与研究,2007(2):20-23.

［14］武兴建,吴金宏.光电倍增管原理、特性与应用[J].国外电子元器件,2001(8):13-17.

［15］梁庆中,樊媛媛.RFID原理及应用[M].北京:科学出版社,2018.

［16］詹新明,黄南山,杨灿.语音识别技术研究进展[J].现代计算机,2008,9:43-45.

［17］李金哲.条形码自动识别技术[M].北京:国防工业出版社,1991.

［18］张卫清.语音识别算法的研究[D].南京:南京理工大学,2004.

［19］李虎生,刘加,刘润生.高性能汉语数码语音识别算法[J].清华大学学报(自然科学版),2000,40(1):4.

［20］孙冬梅,裘正定.生物特征识别技术综述[J].电子学报,2001,29(1):1744-1748.

第4章 网络层

4.1 概　　述

天空地一体化物联网的通信网络是以地基网络为依托、以天基网络和空基网络为拓展的立体分层、融合协作的网络,各星座卫星(包括高、中、低轨)、临近空间平台(如飞艇、热气球、无人机等)和地面节点(如通信设备、服务器设施等)共同形成多重覆盖,采用统一的网络架构、统一的技术体制和统一的系统管理,实现业务全球覆盖、广域随遇接入、按需服务和安全可信的物联网服务。

天空地一体化物联网网络层由三层网络组成,分别是地基网络、空基网络和天基网络。其中,地基网络提供基础架构,空基网络和天基网络实现网络扩展,三层网络协同为各物联网系统间的高效、智能、协同通信过程提供网络连接。天空地一体化物联网系统高效的网络资源利用能力、智能化的信息处理能力和协同化的网络控制能力来源于三层网络的深度融合,从而针对高度差异化的网络接入场景提供一体化、服务化、定制化的业务[1-3]。

天空地一体化物联网网络层的建设对服务国家重大战略具有重要意义。为支持当前和未来国家面对陆上和海上的国际化战略,需要建设全球覆盖、全时域响应的通信服务,同时满足跨大陆重要经济带、海上热点航道及区域的信息服务需求[4]。此外,各大国在空间通信频谱及卫星轨道资源的竞争日益激烈,快速发展天空地一体化物联网网络层技术以形成完善的网络体系,方可预先抢占该战略性稀缺资源。

4.2 网络层架构

如图4-1所示,展示了天空地一体化物联网网络层的各层架构的主要设施及功能。地基网络包含传统意义上铺设在地面的互联网络(光纤骨干网)以及由数目庞大的通信基站组成的移动通信网络负责业务密集区域的网络服务;空基网络(HAPS/HIBS[5])和天基网络(卫星网络)可统一分类为非地基网络。其中,空基网络主要由多种空基载荷平台组成,包括高空飞艇、高空无人机、低空无人机等,这些平台灵活部署,在短时间内对目标区域形成网络覆盖服务。天基网络主要由低、中、高轨道的卫星及卫星通信接入系统构成的天基骨干网和天基接入网[6],实现对天、空、地的泛在连接、宽带接入和全球覆盖等。

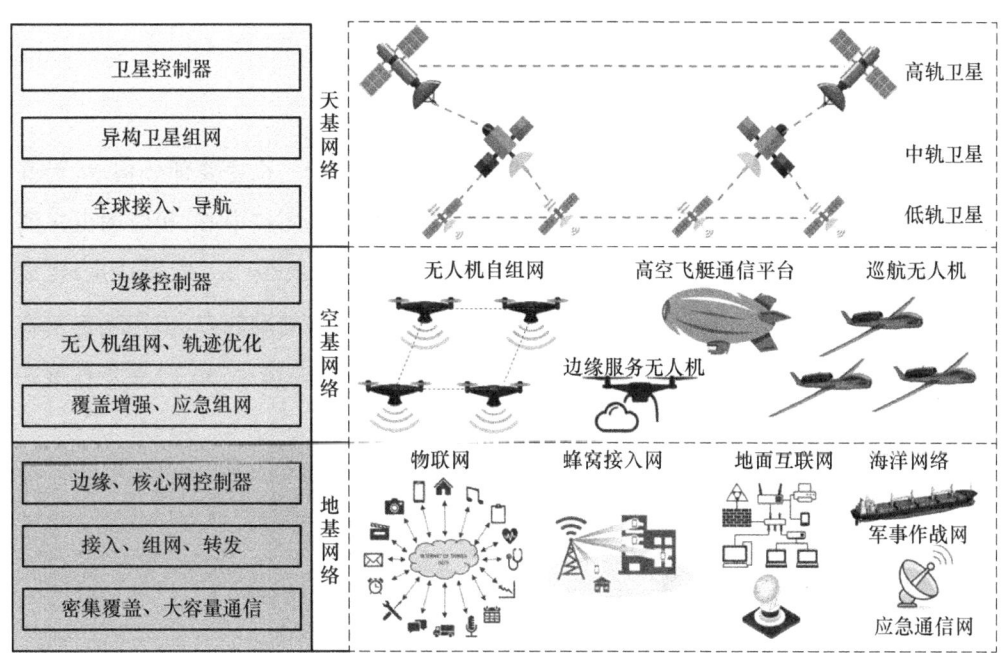

图4-1 天空地一体化物联网的网络层架构

地基网络与非地基网络拥有各自的优缺点。地基网络的优势在于其强数据存储能力、强计算能力、高传输速率、低时延、低成本覆盖城郊以及支持海量连接,在人口聚集的区域可以有效提升社会与经济的数字化程度。地基网络得益于长期的网络建设,其计算能力、传输速率、存储空间等优势是目前非地基网络无法达到的,尤其是在人口密集的城市群中,单位面积的覆盖成本极低。但是,一旦地基网络向偏远地区辐射时,其建设成本会急剧增长,且易受地形地貌的限制。

而非地基网络则不受地表/地域条件的限制,在相对低成本的条件下实现快速通信服务和全域无线覆盖,其突出优势在于对偏远地区或无人区具有廉价的覆盖花费与容量支出。非地基网络中的卫星网络具备天然的广播特性,覆盖范围内的链路损耗与时延相对一致,规避地面蜂窝网络中由于终端与基站距离变化从而影响通信质量的弊端。但非地基网络的传播时延相对较高,在深度覆盖和大容量通信的应用领域仍具有一定的技术缺陷。

地基网络与非地基网络各具优势,相互赋能,在覆盖全球的基础上降低连接成本,挖掘全新应用市场。通过地基网络提供高带宽、低延迟的本地连接和处理能力,结合非地基网络(如卫星网络)提供的广域覆盖和全球连接,物联网设备能够实现无缝通信和数据传输,不受地理和环境限制。通过地基网络和非地基网络的互补,不仅降低了部署和运营成本,还拓展了物联网的应用场景,使物联网系统能够更高效地收集和处理数据。

4.2.1　天基网络通信架构

典型的天基网络卫星通信系统由地面端、空间端和用户端三个主要部分构成,天基网络通信架构如图 4-2 所示。地面端一般包括各类信关站、卫星测控中心、相应的卫星测控网络及网络控制中心等;一颗或多颗卫星及其星间链路(Inter-Satellite Link,ISL)组成空间端,承接对信息的接收、转发,部分卫星同时也具备信号的再处理能力;用户端包括物联网终端、手持终端,以及可以固定或车载船载的甚小口径卫星终端(VSAT)等多种形式的用户终端构成。

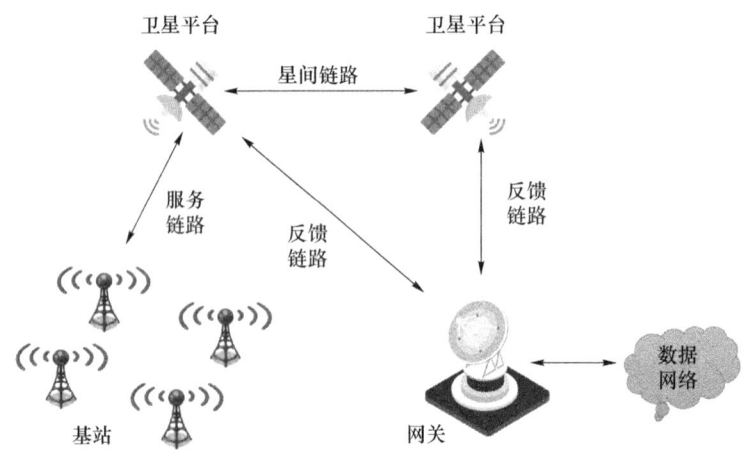

图 4-2　天基网络通信架构

星间链路,也称为星际链路,有时也称为交叉链路(Cross Link)。按照两端的通信卫星节点所处的轨道类型可将 ISL 分为两种,星间链路的组成方式如图 4-3 所示。同种轨道类型的通信卫星节点之间的 ISL,如 GEO-GEO、LEO-LEO 等,这种 ISL 的主要作用是扩大覆盖范围、缩短传播时延、增加系统容量[7];不同轨道类型的通信卫星节点之间的 ISL,如 GEO-LEO 等,典型的例子为追踪与数据中继卫星(TDRS)与 LEO 通信卫星节点,其主要作用是提高时间和空间覆盖率。

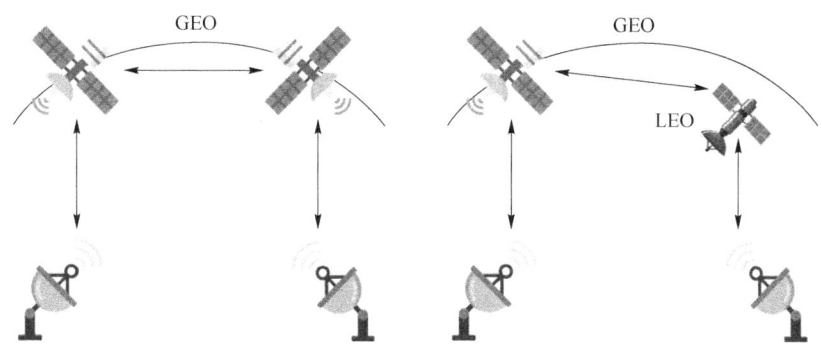

图 4-3　星间链路的组成方式

4.2.2　空基网络通信架构

典型的空基网络通信架构由地面系统、空基通信载荷平台、空地间链路三个主要部分构成,如图 4-4 所示。地面系统包括各类信关站、空基通信载荷测控中心及相应的空基通信载荷测控网络、网络控制中心、各种手持终端和物联网终端,以及可以固定或车载船载的地面用户终端。

空基通信载荷平台由一种或多种空基平台组成,负责信息的接收和转发,部分空基平台还具备边缘服务的处理能力。空基通信载荷平台按照工作高度可分为高空通信平台和中低空通信平台。高空通信平台在高空飞行器上安装无线基站(如高空气球、高空飞艇、高空巡航无人机等)从而提供通信服务。高空通信平台的布设机动灵活、受地面因素影响小、覆盖的服务范围广、传输链路信号能量损耗小、传输质量高,是地面网络的有效延伸及补充。中低空通信平台通常采用无人机搭载通信载荷与地面网络直接通信。其具有部署速度快、可扩展性强、机动灵活等优势,能够更加高效地为物联网设备提供边缘计算服务。

空地间链路按照空间通信节点的组网方式可分为空基同构链路和空基异构链路(图 4-5)。①空基同构链路,如无人机蜂群自组网通信链路。通过相同架构的空基节点间的链路通信,多空基节点可相互协作,实现多节点之间的数据链的快速传递共享。②空基异构链路,常见有高空飞艇、巡航无人机及低空无人机间的通信链路。通过将拓展性更强的

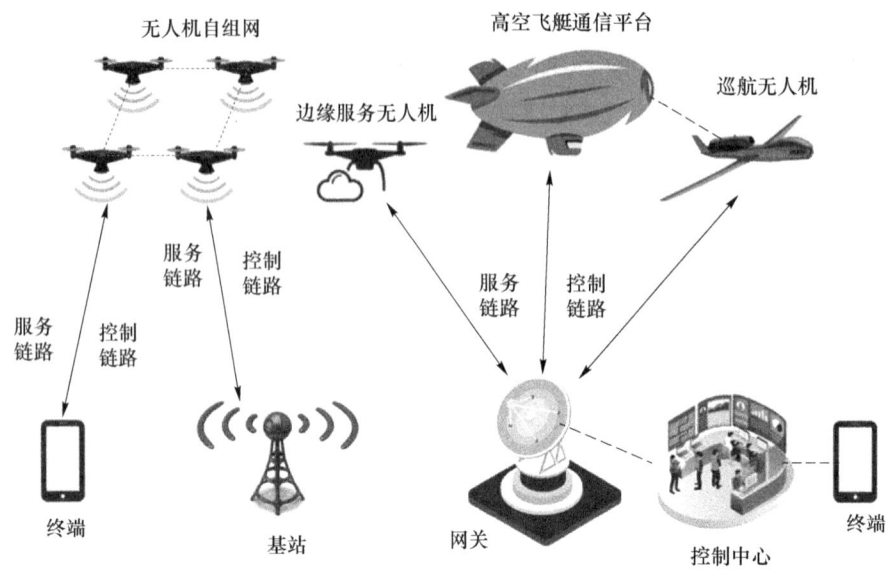

图 4-4 空基网络通信架构

分层架构组织与空间同构链路的平面架构组织相结合,达到进一步覆盖各种复杂和特殊环境下的天、空、地一体化网络的通信要求。

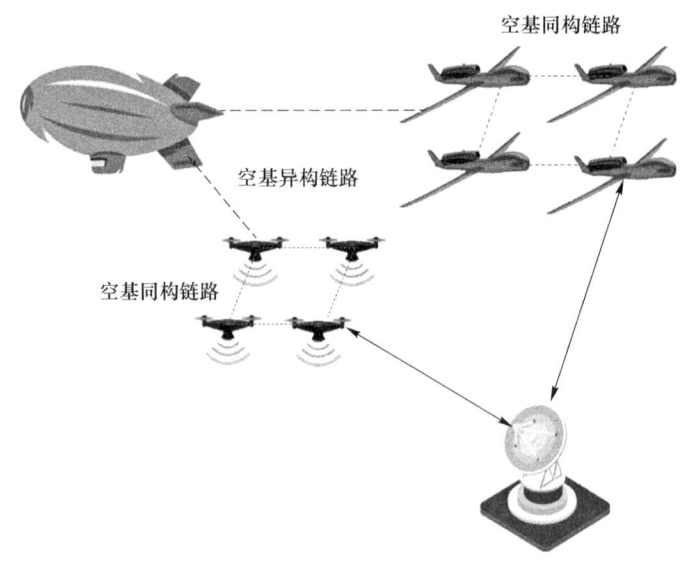

图 4-5 空地间链路的组成方式

4.2.3 地基网络通信架构

地基网络是支持物联网设备互联互通的核心基础设施,涵盖了从数据采集、传输到处理和管理的全流程。地基网络系统面向密集覆盖、大容量通信的应用终端,地基网络架构如图4-6所示。物联网地基网络平台涵盖多个领域的网络基础设施,以支持广泛的物联网应用,主要包括终端设备、接入网络、传输网络和核心网络。

终端设备是物联网系统的前端组件,直接与物理世界交互。它们包括传感器(如温度传感器、湿度传感器)、执行器(如智能灯泡、智能锁),以及各种智能设备(如智能手表、智能家居设备)。这些设备通过采集环境数据、监控状态和执行控制命令,为整个物联网系统提供了丰富的数据来源和操作手段。接入网络提供终端设备到传输网络的连接,包括蜂窝网络、Wi-Fi、LoRa 和 ZigBee 等技术,确保数据从设备传输到核心网络。传输网络负责长距离的数据传输,通过光纤通信、微波通信和卫星通信,确保数据高效地从接入网络到达核心网络。核心网络作为数据的路由和交换中心,利用路由器、交换机和数据中心,确保数据的存储和处理。

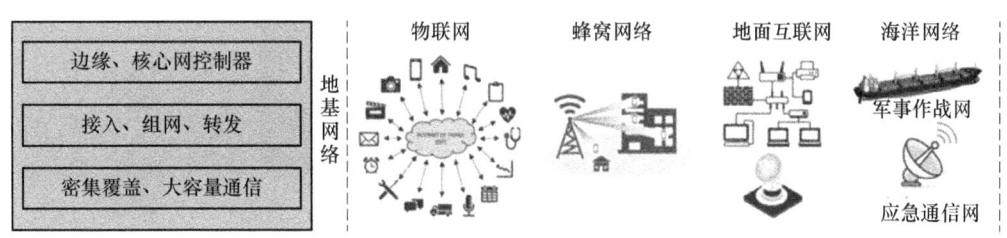

图 4-6 地基网络架构

4.3 通信技术

在天空地一体化物联网的网络层中,低功率广域网络(Low Power Wide Area Network,LPWAN)已经成为物联网数据传输标准,其典型代表是长距离无线电(Long Range Radio,LoRa)数据传输技术标准[8]和窄带物联网(Narrow Band Internet of Things,NB-IoT)[9]。同时,也包括一些专用场景的组网协议,如蓝牙(Bluetooth)、Z-Wave、ZigBee 等[10],以及实现远距离通信的移动通信、光纤通信和卫星通信等。

4.3.1 LoRa

LoRa 是一种基于扩频技术的长距离无线电传输方案,属于 LPWAN 通信技术[11]由美国 Semtech 公司推出。目前,LoRa 主要工作在全球免授权的 ISM(Industrial Scientific Medical)频段上,包括 433 MHz 频段(410~441 MHz)、868 MHz 频段(863~870 MHz)、915 MHz 频段(902~928 MHz)等。不同的国家和地区使用的频率也是不同的,例如,对于 915 MHz 频段,日本选用 916.5~927.5 MHz,英国选用 915~921 MHz。

LoRa 网络采用星形网络拓扑结构[12]。基于 LoRa 的网络架构[13]如图 4-7 所示。在这个网络架构中,它将网络实体分成 4 类:用户终端、网关、网络服务器和应用层服务器。LoRa 网络中的用户终端、网关、网络服务器、应用层服务器之间皆可互相通信,但是占主导地位的通信模式是数据上行,同时也支持云端升级等操作。

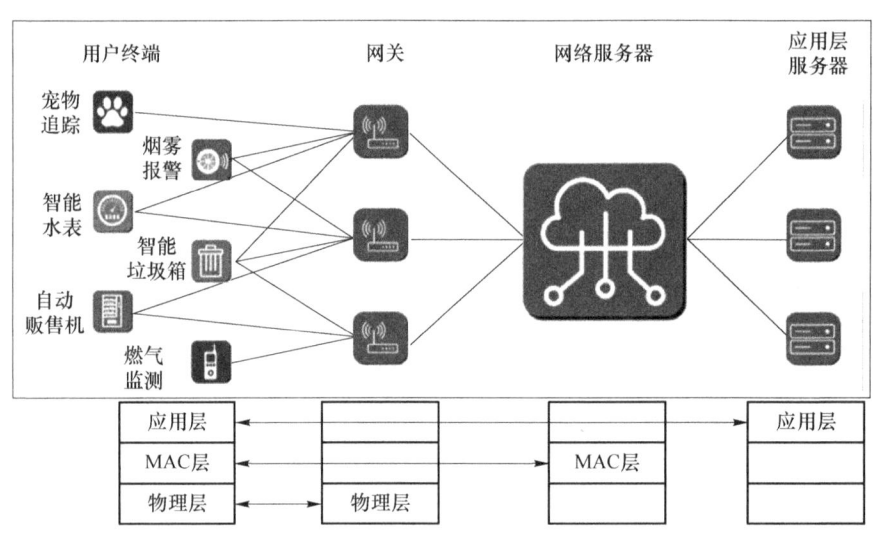

图 4-7 基于 LoRa 的网络架构

LoRa 终端设计针对不同的应用场景,有三种常见的工作模式。第一种工作模式为 Class A 收发模式,支持双向通信,如图 4-8 所示,当上行链路发送消息后,传感器的两个下行接收窗口都会开启。起初,系统固定了接收窗口的开始时间,当上行链路的数据包发出后,传感器终端进入休眠模式,接收时延 1 过后,系统打开接收窗口 1,接收串口 1(图 4-8 中的 Rx1)的数据速率可根据上行链路的数据速率要求进行调整。在数据包发送完成后,传感器终端可进入休眠模式,休眠过程结束后,接收窗口 2(图 4-8 中的 Rx2)按顺序开启,其数据速率固定。Class A 收发模式的功耗最低,在天空地一体化物联网中的应用最为广泛。第二种工作模式 Class B 在开放 Class A 收发模式的两个接收窗口的基础上,还会开放一个固定周期的接收窗口,用以接收下行链路,因此其功耗大于 Class A 收发模式。与前两种模式不同,第三种工作模式 Class C 在发送数据的状态下,下行的数据接收过程会被暂停。在以上任意一种工作模式下,传感器在接收下行数据前禁止发送新数据包,如果终端没有收到应答,至少等待 ACK_TIMEOUT 秒(默认 2 s)后重发。

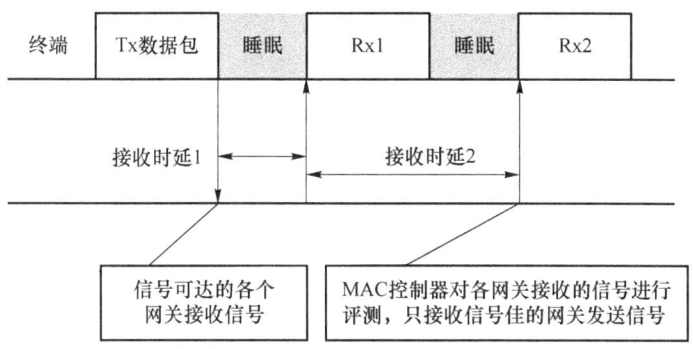

图 4-8 Class A 收发模式(休眠睡眠)

LoRa 具有长距离、大容量的优点。得益于扩频调制和前向纠错码的增益,LoRa 可以取得的通信距离约是蜂窝通信技术的 2 倍,其正常通信距离为 1~20 km,所支持的数据传输速率范围为 0.3~37.5 kbit/s。通过自适应数据速率(Adaptive Data Rate,ADR)技术,根据终端和网关间的距离来调整速率。距离越近、信道条件越好,终端将采用较高的速率,缩短信号的传输时间;相反,距离越远,终端将采用较低的速率,提高传输的可靠性,ADR 技术示意图如图 4-9 所示。

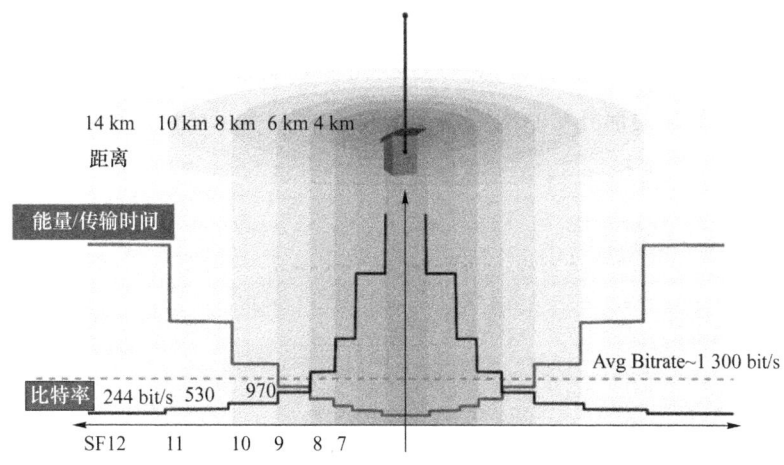

图 4-9 ADR 技术示意图

然而,作为一种采用非授权频段的技术,LoRa 在应用于天空地一体化物联网时存在几个方面的不足。①LoRa 的传输距离有限,最大传输距离仅为 20 km,无法满足天空地一体化物联网所需的巨大覆盖范围。②LoRa 的重传机制采用不成功即重传的方式,这意味着在天空地一体化物联网场景中,终端必须在收到卫星节点的确认信息后才能发送下一帧,导致通信时延较大。③LoRa 对频偏的敏感性较高,原本设计用于地面物联网的 LoRa 在面对具有高动态性的低轨卫星节点时,其接收端的残余频偏可能较大,影响通信质量。④在空口接入方式上,LoRa 也存在差异化问题,尤其在低轨天基物联网中,由于网络体系架构的巨大差异,需要对 LoRa 通信调制的空中激活方式进行修改,以减少双方信令交互次数。总之,虽然 LoRa 解决了物联网终端的接入问题,但其缺乏完善的网络运营管理机制,对天空地一体化物联网中的大时延、大传播损耗和大频偏适应性也存在不足。

4.3.2 NB-IoT

窄带物联网 NB-IoT 的原型是 2014 年 5 月华为和沃达丰(Vodafone)联合提出的 NB-M2M 技术[14],随后在 2015 年 5 月与高通(Qualcomm)提出的 NB-OFDMA 技术融合成为 NB-CIOT 技术[15],之后又于 2015 年 9 月与爱立信公司提出的 NB-LTE 技术融合,形成了我们现在认识的 NB-IoT,并在 3GPP 上正式立项[16]。NB-IoT 是针对现有蜂窝移动通信网络对物与物的连接的支持能力不足而提出的一种 LPWAN 传输技术方案。

NB-IoT 在网络架构层面与 4G 网络基本一致,但其针对流程进行了优化,在支持物与物的连接能力上进行了增强。在其网络架构中,包括 NB-IoT 终端(UE)、基站(eNodeB)、归属用户服务器(HSS)、具备移动性管理实体(MME)、网关服务(SGW)、业务能力开放单元(SCEF)及分组数据网关(PGW)等。在实际部署中,为了减少物理网元的数量,可以将基站后端的部分核心网网元合一部署,称之为 CIoT 服务网关节点。NB-IoT 网络架构图如图 4-10 所示。

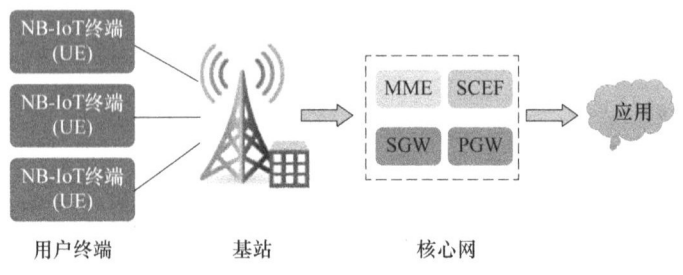

图 4-10 NB-IoT 的网络架构图

NB-IoT 沿用 LTE 定义的频段号,其中,3GPP 的 Release13 为 NB-IoT 指定了 14 个频段。在我国,运营商在试验阶段使用的频段号为 26(上行链路频率为 814~849 MHz,下行链路频率为 859~894 MHz)。在 4G 网络的技术基础上,NB-IoT 技术针对多个物联网工况进行了技术改进,尤其是对 M2M 通信,极大地平衡了该场景下的网络特性和终端特性,满足物联网应用的要求。

特别地,NB-IoT 为实现物联网设备的休眠功能设计了两种工作模式,即省电模式(Power Saving Mode,PSM)和扩展不连续接收(extended Discontinuous Reception,eDRX)模式。在省电模式下,当通信终端发送完信号并进入空闲状态后,系统的信号收发功能会被关闭,以此减少通信组件的能耗。如果需要重新将终端唤醒,可设置终端主动解除休眠模式。例如,在一些物联网应用终端,需要每天定时向服务器汇报其状态时,通过控制终端的激活定时器(Active Timer,AT),调整终端唤醒并接收网络寻呼。在 eDRX 模式下,一个跟踪激活周期可以由多个扩展不连续接收模式组成,以便网络能实时与 NB-IoT 终端建立通信连接(寻呼)。如图 4-11 所示,针对扩展不连续接收模式的架构,一个跟踪激活周期(Tracking Area Update Period,TAU 周期)由数据传输状态和空闲状态组成。而一个扩展不连续接收周期由 eDRX 寻呼周期和省电周期组成,多个扩展不连续接收周期组成一个空闲状态周期[17]。在 eDRX 模式下,终端主动连接网络,在每个扩展不连续接收周期中的寻呼窗口内接收网络对其进行的寻呼。eDRX 模式适用于对下行数据传送需求相对较多且允许终端接收延时的业务,例如,服务器端不定期地对物联网终端的配置进行管理,以及对其日志进行采集。

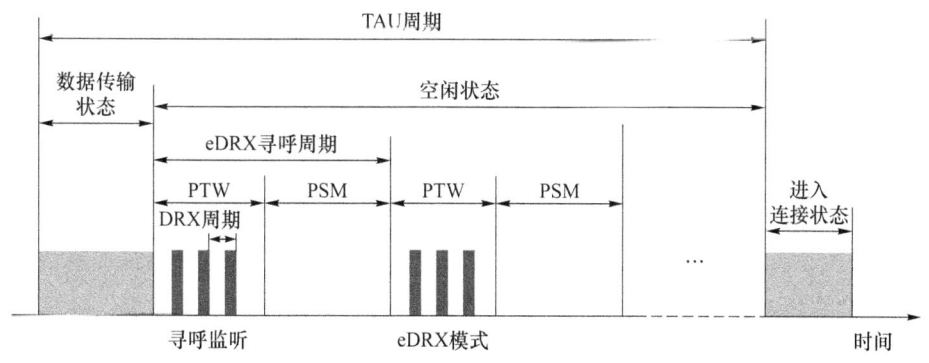

图 4-11 NB-IoT 各工作模式的时序

NB-IoT 网络为了保证距离上的广覆盖,在信号的品质上作出了牺牲,其一般不支持高带宽的数据传输,但降低了终端的通信能耗和生产成本,同时针对通信链路的处理算法也得到了简化。这种降低网络功能特性的"妥协"极大地适应部分物联网终端对能耗和成本降低的特性要求。在很多的物联网应用场景中,对数据传输质量的要求并不高,这也极大地契合 NB-IoT 的网络特性。NB-IoT 的低速率特性促使所设计的通信模组无须在系统中设置较大容量的缓存,这也降低了元器件选型的成本。进一步,由于 NB-IoT 网络主要是非实时通信,其电路构造可以进行极度简化,满足物联网低成本的要求。整体来讲,NB-IoT 通信网络的硬件及软件的需求,完全符合绝大多数物联网终端对网络通信的要求。

基于以上 NB-IoT 的技术特点,其适用于对数据采集频率要求较低,或者在低密度部署工况下,其通信距离较长的应用[18];其不适用于要求低时延、可靠性较高的业务,如车联网、远程医疗、智能穿戴、智能家居。虽然 NB-IoT 技术体制为了适应地面物联网的需求而删除了上行物理链路控制信道,新增了业务能力开放功能,引入了用户面功能优化方案和控制面功能优化方案等措施,但在频率资源、技术体制、信息传输帧结构、通信业务流程、上下文信息存储等方面仍然是参照地面蜂窝网络的技术系统设计的,无法完全适应天基物联网的工作特点,因此需要进一步改进完善。

4.3.3 ZigBee

ZigBee 是一种低功耗、低数据速率的无线通信技术,主要用于短距离通信。它由 ZigBee 联盟开发,最早在 2003 年发布。ZigBee 联盟是一个由数百家公司组成的全球性组织,致力于推动 ZigBee 标准的发展和应用。ZigBee 旨在解决传统无线通信技术在物联网应用中存在的高功耗和复杂性问题,为智能家居、工业自动化和环境监测等物联网应用提供一种高效、可靠的通信方式。

ZigBee 体系结构如图 4-12 所示。ZigBee 是一个分层模型,包括物理层、数据链路层、网络层等,每一层都对应着不同的功能和协议标准。该结构由 ZigBee 联盟定义,在 IEEE 802.15.4 标准的基础上进行了扩展和增强。物理层是 ZigBee 体系结构的最底层,负责数据的物理传输,包括信号的调制和解调、射频(RF)信号的发送和接收。ZigBee 通常采用频段为 2.4 GHz(ISM)、868 MHz(欧洲)及 915 MHz(美国)的免执照频段跳频技术,所覆盖的有效范围为 10~275 m。数据链路层负责可靠的数据帧传输。它包含了媒体访问控制(MAC)子层和逻辑链路控制(LLC)子层。MAC 子层负责控制访问信道的方法,采用载波侦听多路访问/冲突避免(CSMA/CA)机制,确保多设备共享信道而不发生冲突。LLC 子层则负责数据帧的组装和解析,并提供错误检测和校正机制。网络层负责设备的寻址、路由和组网管理。网络层支持多种网络拓扑结构,包括星形、树形和网状网络。通过网络层,ZigBee 设备可以动态加入或离开网络,并实现多跳路由,以扩大网络的覆盖范围。

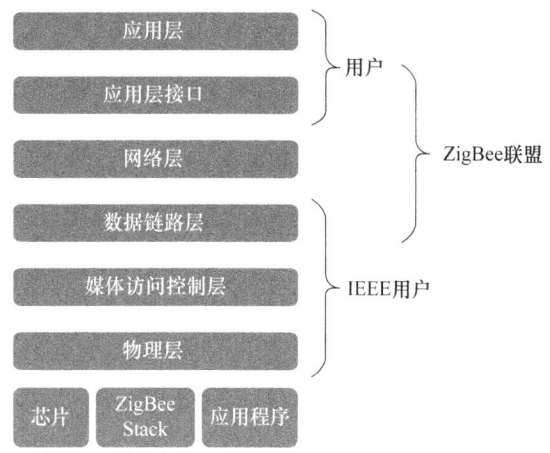

图 4-12 ZigBee 体系结构

ZigBee 具有显著的通信特点。①其低功耗特性使得 ZigBee 节点设备在休眠模式时工作周期短、收发数据信息功耗低,非常适合依赖电池供电的物联网设备。②其通信协议栈简单,其硬件只需采用 8 位微处理器和 4~32 KB 的 ROM,设备的研发和制造成本低。③其媒体访问控制层(MAC)的数据传输机制必须满足完全确认的模式,即所发送的数据必须收到接收方的确认后才可继续传输,确保了数据传输的可靠性。④ZigBee 网络具有较大的容量,并且组网灵活,允许 100 个 ZigBee 网络在同一区域内运行。⑤低时延也是 ZigBee 的一大特点,在设备状态搜索和休眠激活时的通信时延分别为 30 ms 和 15 ms,适用于对时延要求较高的应用场景。⑥在安全性方面,ZigBee 技术通过数据完整性检查和鉴权功能,采用 AES-128 加密算法,保障网络安全。⑦ZigBee 技术与现有的控制网络标准兼容,通过网络协调器自动建立网络,采用 CSMA/CA 机制进行信道接入,确保了良好的兼容性。

ZigBee 是针对近距离、低成本无线通信场景开发的,具有低成本、易开发、低功耗等优点,但也具有低传输速率的缺点。ZigBee 主要应用场景包括传感器等周期性数据设备、照明控制间歇性数据设备和鼠标等低反应时间设备的数据传输,目前 ZigBee 已成功应用于简单的工业监控、家庭监控、安全监控等领域。然而,ZigBee 也存在一些不足之处。其传输距离有限,通常在 10~75 m,不适合远距离通信。同时,ZigBee 的数据速率较低,不适合需要高数据速率的应用。另外,其对干扰的敏感性,ZigBee 工作在 2.4 GHz 频段,容易受到其他设备(如 Wi-Fi、蓝牙)的干扰。此外,在大型网络中,ZigBee 的网络管理和维护可能较为复杂。

4.3.4 Z-Wave

Z-Wave 其诞生可以追溯到 2001 年,由丹麦公司 Zensys 开发,并在 2005 年推出了首个商业产品。Z-Wave 旨在提供一种低功耗、低带宽的无线通信解决方案。

Z-Wave 技术采用了网状网络拓扑结构,每个节点不仅能与相邻节点通信,还能作为中继器转发其他节点的数据。这种多跳传输机制极大提高了网络的可靠性和扩大了网络的覆盖范围,即使单个节点发生故障,也不会影响整个网络的通信。在频段选择方面,Z-Wave 工作在低频段(如 868 MHz 或 908 MHz),避开了 2.4 GHz 频段的拥挤和干扰。这使得 Z-Wave 在家庭环境中更加稳定和可靠,因为 2.4 GHz 频段通常被 Wi-Fi、蓝牙和其他无线设备占用。Z-Wave 的信号在这些低频段中具有更好的穿透能力,可以更有效地穿过墙壁和其他障碍物,从而提供更广的覆盖范围。Z-Wave 物理层(PHY)和 MAC 基于 ITU-T G.9959 全球无线电标准,使用 GFSK 调制和曼彻斯特编码。它还包括 AES-128 加密、IPv6 和多通道操作。在识别和授权方面,每个 Z-Wave 网络都由网络 ID 标识,终端设备则使用节点 ID 进行标识。例如,唯一的网络 ID 可防止一个房间的 Z-Wave 网络控制另一个房间中的设备。

Z-Wave 广泛用于智能家庭网络,允许智能设备相互连接,并交换控制命令和数据,Z-Wave 组网协议的物联网应用如图 4-13 所示。通过网状网络和消息确认机制,Z-Wave 实现了双向通信,这种通信方式不仅支持电池供电设备,还将低成本的无线连接引入家庭自动化,为用户提供了低功耗、更长期工作的替代方案。相较于 Wi-Fi 和蓝牙,Z-Wave 更适合需要长期稳定运行的物联网设备。Z-Wave 的组网范围为 30~100 m,适用于家庭自动化中传输小数据包的物联网应用。Z-Wave 运行在网状网络架构上,可以包含一个或多个辅助控制器,确保网络的可靠性和覆盖范围。

在电池续航时间方面,Z-Wave 设备的设计非常高效,理论上可以在一个硬币电池上运行长达 10 年,而其他许多电池供电设备也能持续一年或更长时间。此外,所有 Z-Wave 技术都是向后兼容的,这意味着新设备可以与现有的 Z-Wave 设备无缝协作。要使用 Z-Wave 技术,智能家居产品必须获得 Z-Wave 认证,以确保它们能与所有其他 Z-Wave 认证设备进行互操作。

由上可见,首先,其低功耗设计非常适合电池供电的物联网设备,延长了设备的使用寿命,减少了维护成本。其次,Z-Wave 的网状网络结构提高了网络的覆盖范围和可靠性,即使单个节点故障也不会影响整个系统的运行。再次,Z-Wave 的双向通信和消息确认机制确保了数据传输的可靠性和安全性,适用于需要高可靠性的数据传输应用。最后,

Z-Wave的向后兼容性和严格的认证制度确保了不同厂商设备之间的互操作性,大大简化了用户的设备配置和管理。但其传输速率较低,通常为9.6～100 kbit/s,限制了其在需要高带宽的应用中的使用。尽管Z-Wave在低频段工作(如868 MHz或908 MHz),避开了2.4 GHz频段的拥挤和干扰,但在某些国家和地区,其频谱使用受到限制,可能会影响全球部署和推广。Z-Wave的网状网络结构虽然提高了覆盖范围和可靠性,但也增加了网络的复杂性和配置难度,特别是在大型网络环境中,需要专业的网络规划和管理。

图 4-13　Z-Wave组网协议的物联网应用

总之,Z-Wave以其低功耗、高可靠性、广覆盖和良好的互操作性,在智能家庭和家庭自动化的物联网通信网络中占据重要地位,为用户提供了稳定、高效的无线通信解决方案。然而,其低传输速率和频谱使用限制也在一定程度上限制了其应用范围,需要在实际应用中权衡利弊。

4.3.5　蓝牙

蓝牙技术在物联网中的应用起源于1994年,由爱立信公司首次开发,旨在提供一种低功耗、低成本的无线通信方式。此后,蓝牙技术迅速发展,并成为物联网设备之间短距离通信的标准之一。

蓝牙技术是一种短距离无线通信技术,主要通过无线电波在2.4 GHz ISM频段工作,其通信原理基于频率跳变扩频(FHSS)技术,能够在79个1 MHz宽的信道之间快速切换,以减少干扰并提高通信的可靠性。蓝牙设备通过建立主从关系进行通信,主设备(如智能手机)负责管理和控制与从设备(如耳机、传感器)的通信连接。在通信过程中,主设备首先通过广播信道发送连接请求,从设备监听并响应这个请求,建立配对连接后,主从设备之间会定期交换数据包,保持连接的稳定性和数据传输的可靠性。

蓝牙网络支持无线传输、性价比高、易于安装,但通信距离较短,且单次只能连接两个设备。蓝牙4.0的频率为2.4 GHz,传输范围为50～150 m,数据传输率达3 Mbit/s。后期更新的蓝牙4.2提升了数据传输速度和用户隐私保护,蓝牙设备可直接通过IPv6和LoWPAN接入互联网。2016年,蓝牙技术联盟发布蓝牙5.0技术标准。蓝牙5.0技术标准是专门为物联网系统制定的,具有低功耗、广覆盖(可达300 m)的特点,相较之前的版本速度提升了4倍。同时,蓝牙5.0加入了室内定位辅助功能,可与Wi-Fi结合实现小于1 m精度的室内定位。

蓝牙低功耗(Bluetooth Low Energy,BLE)在此基础上进行了优化,以实现更低功耗和更高效的数据传输。BLE是具有PHY和MAC的短程通信网络协议。蓝牙低功耗遵循主从架构,并提供两种类型的帧结构,即广播帧和数据帧。从节点发送广播帧以发现一个或多个专用广播信道。主节点感知此广播信道以找到从属并连接它们。它专为使用较少数据的低功耗设备而设计,更适合用于物联网的组网协议。低功耗蓝牙工作模式如图4-14所示,除非启动设备之间的连接并且发生数据传输,否则始终保持睡眠模式,因此节省了设备的功率。

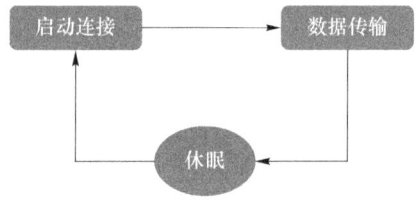

图 4-14 低功耗蓝牙的工作模式

蓝牙技术通过其灵活的通信方式和广泛的设备支持,提供了出色的互操作性。蓝牙设备可以轻松地与智能手机、平板电脑和其他智能设备连接,实现数据的快速传输和设备间的无缝协作。然而,蓝牙的通信范围相对有限,通常为10～100 m,虽然对于大多数室内应用足够,但在更大范围或需要穿透多重障碍的应用中可能受到限制。另外,蓝牙的通信带宽较低,虽然适合传输小数据包和控制信号,但在需要传输大量数据的应用中表现不佳。同时,其在密集使用时可能会受到干扰,特别是在2.4 GHz频段,这个频段也是Wi-Fi和其他无线技术的常用频段,可能导致信号拥堵和干扰增加。

4.3.6 Wi-Fi

Wi-Fi是一种提供无线高速互联网和网络连接的无线网络通信技术,起源于1997

年,当时由 IEEE 802.11 工作组发布了第一版标准,旨在提供高带宽、无缝连接的无线局域网(WLAN)解决方案。

Wi-Fi 技术在 2.4 GHz 和 5 GHz 频段工作,采用多种调制和编码方案,如正交频分复用(OFDM),实现了高效的数据传输。Wi-Fi 通信包括调制、信道分配、接入控制等。Wi-Fi 使用 OFDM 调制技术,将数据流分割成多个并行的子载波,每个子载波承载一部分数据,减少了多径干扰的影响,提高了数据传输的可靠性和速度。此外,Wi-Fi 采用 CSMA/CA 作为接入控制机制,设备在发送数据前先监听信道,确保信道空闲才进行发送,以避免数据碰撞。在信道分配方面,Wi-Fi 工作在 2.4 GHz 和 5 GHz 频段,这些频段被划分为多个信道。2.4 GHz 频段有 14 个信道,每个信道宽度为 22 MHz,但由于信道之间存在重叠,通常只使用 1,6,11 这三个非重叠信道。

为了进一步提高频谱利用效率,Wi-Fi 6(IEEE 802.11ax)引入了正交频分多址(OFDMA),允许多个设备同时传输数据,减少延迟,提高网络效率。Wi-Fi6 通过引入 OFDMA、多用户多输入多输出(MU-MIMO)、1024 阶正交振幅调制(1024-QAM)等先进技术,显著提高了网络的吞吐量和效率,使得网络能够更好地管理多设备连接,减少拥塞,提高每个设备的数据传输速度。Wi-Fi 还采用了多种安全协议来保护通信的安全性。最早的有线等效加密(WEP)已被淘汰,现今常用的是 WPA2 和最新的 WPA3 协议,这些协议使用更强的加密算法(如 AES)和更复杂的认证机制,确保用户数据在传输过程中的机密性和完整性。

Wi-Fi 允许电子设备之间使用无线电波进行通信,以及连接到互联网或其他网络。它是一种便携式、灵活的技术,可以在家庭、工作场所、学校以及公共场所(如咖啡馆、图书馆和机场)等广泛使用。Wi-Fi 网络由一个或多个接入点(无线路由器)提供服务范围,设备通过内置或外接的无线适配器与之连接。在物联网中的应用方面,Wi-Fi 广泛支持智能家居、工业自动化、医疗监控和智慧城市等领域。Wi-Fi 技术的高带宽和低延迟使其特别适用于需要实时数据传输和高数据速率的应用,如家庭监控系统、远程医疗设备和工业控制系统。Wi-Fi 的广泛设备兼容性也是其一大优势,几乎所有智能设备都支持 Wi-Fi 连接,这使得不同设备之间的互操作性非常高,用户可以轻松实现设备间的数据共享和远程控制。例如,在智能家居系统中,用户可以通过 Wi-Fi 网络远程控制灯光、恒温器和安防系统,提升了生活的便利性和安全性。

然而,Wi-Fi 也存在一些局限性。首先,Wi-Fi 的功耗较高,电池供电的物联网设备在长时间运行时可能面临续航问题,这限制了其在需要长期稳定运行的设备中的应用。其次,Wi-Fi 的通信范围通常在几十米到一百米之间,尽管通过增加中继器可以扩展覆盖范围,但在大范围和复杂环境中仍可能受到限制。最后,Wi-Fi 网络在高密度设备环境中容易出现信号干扰和网络拥堵,导致通信质量下降。尽管如此,Wi-Fi 的高带宽和广泛的设备支持仍然使其在物联网领域中占据重要地位,为用户提供了高效、灵活的无线通信解决方案。

4.3.7 蜂窝网络

蜂窝网络技术起源于 20 世纪 80 年代,随着第一代移动通信技术(1G)的推出,蜂窝网络技术逐渐发展,经历了 2G、3G、4G 和目前的 5G 阶段,蜂窝网络覆盖率越来越广,传输时延越来越低。

蜂窝网络技术将大区域划分为多个小的蜂窝区,每个蜂窝区由一个基站覆盖,这种蜂窝化布局实现了频率的复用和频谱的高效利用,减少通信干扰,提高通信质量,并支持大规模用户同时进行通信。蜂窝网络通过动态分配通信资源,根据用户需求和网络负载情况动态分配通信资源,如频段、带宽、功率等,以优化网络性能和用户体验。

蜂窝网络技术基于多址接入技术(如码分多址、时分多址、频分多址和最新的正交频分多址),这些技术允许多个用户在同一频谱资源上同时通信。基站通过与移动终端之间的无线链路,管理用户的接入、切换和数据传输,确保用户在不同蜂窝区之间实现无缝漫游和持续连接。随着 5G 技术的引入,蜂窝网络的性能显著提升,支持超高数据速率、超低延迟和大规模设备连接,适用于各种复杂的物联网应用场景。

第一代移动通信系统于 1946 年创建于美国。我国的第一代移动通信系统建立于 20 世纪 80 年代,并于 2000 年正式停用。第二代移动通信系统是基于数字通信技术建立的,采用欧洲制定的以 TDMA 为核心的 GSM 标准,于 1991 年投入应用。第三代移动通信系统(3G)由美国高通等公司牵头制定,以 CDMA 技术为核心。第四代移动通信系统(4G)在第三代移动通信系统的基础上扩展,采用全球统一的标准,可在全球各国间漫游无须切换通信标准。

5G 技术,即第五代移动通信技术,在前几代移动通信技术的基础上,引入了许多创新性的技术和特性,提供了更高的速度、更低的延迟和更大的连接密度,为未来智能社会和物联网应用提供了更强大的支持。5G 技术具有高速率、低延迟、大连接密度和多样化应用支持等特性,广泛应用于各个领域。特别是在物联网应用中,通过其高速率,5G 网络能够支持大规模的数据传输,使得物联网设备可以实时上传和处理大量数据,适用于智慧城市、智慧交通和工业自动化等需要高数据吞吐量的场景。低延迟的特性确保了物联网设备能够迅速响应和处理指令,保障了系统的即时性和安全性。此外,5G 支持大规模机器类型通信(Massive Machine Type Communication,mMTC),可以连接数百万个物联网设备,为智慧城市、智能家居、智慧交通等应用提供了强大的支持。5G 的高连接密度和低功耗特性使其成为物联网应用的理想选择。

6G 技术,即第六代移动通信技术,是在 5G 基础上进一步发展和演进的下一代移动通信技术,二者的场景演进如图 4-15 所示。虽然 6G 技术尚处于研究和探索阶段,但已经有一些关于 6G 技术的预测和概念提出,6G 技术将具有更大的频谱资源,实现超低延迟、高可靠性传输等。未来 6G 技术将在天空地一体化物联网的应用场景中发挥出不可比拟的优势,通过高速率、低延迟、广覆盖的通信能力支持全球各类设备、传感器和系统之间的互联互通,实现创新应用。

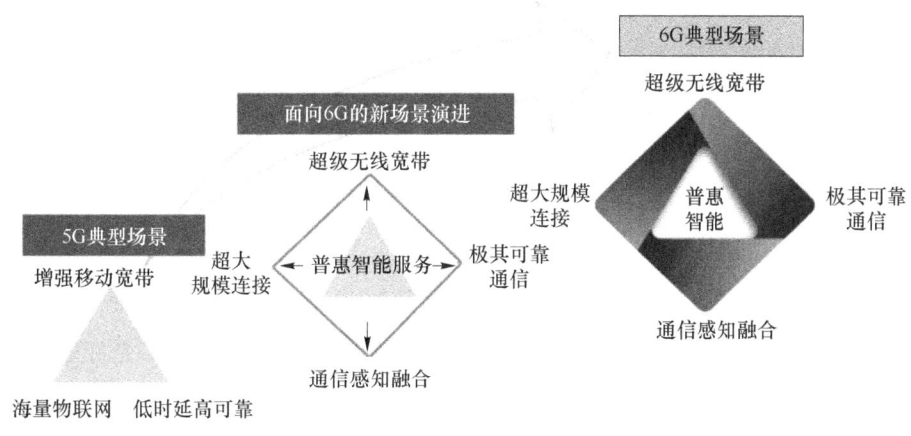

图 4-15　5G 与 6G 场景演进

蜂窝网络技术以其广覆盖、高移动性、低时延和大连接密度,在物联网中发挥了关键作用,但存在部署成本高和高功耗等挑战。①蜂窝网络的基础设施建设成本较高,尤其是在偏远地区和复杂地形中,部署基站和维护网络需要大量投资。②尽管 5G 网络显著提高了连接密度和数据速率,但在极高密度的物联网设备环境中,网络拥塞和干扰仍然可能影响通信质量。③蜂窝网络技术的高功耗特性对电池供电的物联网设备来说是一个挑战,需要寻找高效的电源管理解决方案以延长设备续航时间。总之,通过持续的技术创新和优化,蜂窝网络技术依然为智慧城市、工业物联网、车联网和远程医疗等领域提供了强有力的支持和广泛的应用前景。

4.3.8　光纤通信

光纤是一种用于传输光信号的柔软、透明的光导体,其内部的光信号可以通过光的全反射原理在光纤中传输。光纤通信技术诞生于 20 世纪 70 年代,当时通过使用玻璃或塑料光纤进行数据传输的方式开始逐步取代传统的铜线通信。光纤通信技术的核心原理是通过光信号在光纤内的全反射传播来实现高速的数据传输,具有极高的带宽和极低的信号衰减。光纤通信技术代表了宽带网络连接技术的一大飞跃,它通过光纤到户或光纤到建筑物等方式实现,极大地提升了数据传输的速率和稳定性。

光纤通信技术的核心在于使用光导纤维作为传输介质,该介质能以接近光速的速度传递数据。光纤通信的工作原理基于光的全反射和光纤的波导效应。光纤由一个核心和一个包层组成,核心是光信号传输的主要路径,包层则使光信号在核心中反射传播。光信号通过光源(如激光二极管)被转换成光脉冲,在光纤中传输,接收端的光电探测器再将光脉冲转换为电信号。这种传输方式具有高速、低延迟、大容量的特点,同时具备出色的抗电磁干扰能力和极低的信号衰减特性,确保了即使在较长距离传输中也能保持数据的完整性和稳定性。

光纤通信网络通常采用分布式架构,包括边缘网络和核心网络。边缘网络负责连接物联网设备和光纤接入点,通常包括光交换设备、光纤终端设备等;核心网络负责连接各个边缘网络,通常包括光纤交换机、光传输设备等。这种架构可以实现灵活、可扩展的物联网通信服务。同时,光纤通信技术通常使用一系列光纤通信协议,如 Ethernet、SONET/SDH、OTN 等,用于控制光信号的传输、交换和路由,从而确保光纤通信网络的高效、稳定和安全运行。

光纤通信技术在物联网中的支持作用尤为显著,尤其是在需要处理大量数据和高传输速率的应用场景中。光纤通信技术能够提供超高速的数据传输,支持实时数据处理和高带宽需求的应用,如高清视频监控、远程医疗、智慧交通系统和工业自动化。由于光纤具有良好的抗电磁干扰性能,它能够在复杂的电磁环境中稳定工作,这对于工业物联网中的数据传输尤为重要。此外,光纤通信的低延迟特性使得其能够支持对实时性要求极高的应用,如自动驾驶和工业控制系统。

总的来说,光纤通信技术以其超高带宽、低延迟、抗电磁干扰和高可靠性,在物联网中发挥了至关重要的作用。然而,光纤通信网络的初始建设成本较高,光缆的铺设和相关设备的安装需要大量的资金投入。光纤的安装和维护相对复杂,需要专业技术人员进行操作,这增加了运营成本。此外,虽然光纤本身具有很高的抗干扰能力,但在极端环境下,如地震或施工破坏,光纤容易断裂,修复难度较大。这些因素在一定程度上限制了光纤通信的普及。

4.3.9 卫星通信

卫星通信技术自20世纪50年代诞生以来,经历了从早期的实验性通信卫星到如今的高度集成和商业化发展的过程,其核心是通过地球轨道上的通信卫星中继传输信号。卫星通信的重要特点包括广覆盖、高可靠性和灵活性,使其能够覆盖全球任何地方,包括传统地面网络无法触及的偏远地区和海洋区域。卫星通信系统由地面站、通信卫星和用户终端组成,地面站通过上行链路将信号发送到通信卫星,通信卫星进行信号处理后通过下行链路将信号发送到目的地地面站或用户终端。

卫星通信基于微波或射频信号的传输,通过地面站向卫星发送上行信号,通信卫星接收到信号后进行放大和处理,再通过下行信号将数据传输到接收站。现代卫星通信技术采用地球同步卫星(GEO,简称同步卫星)、中轨道地球卫星(MEO,简称中轨卫星)和低轨道地球卫星(LEO,简称低轨卫星),这些卫星根据其轨道高度和覆盖范围提供不同的服务。GEO卫星能够覆盖广阔区域且位置固定,但存在较大的信号延迟;LEO卫星具有较低的延迟和较高的传输速率,但需要大量卫星组成星座以实现全球覆盖。

按照通信介质的差异,卫星通信技术主要分为以下激光通信、微波通信和毫米波通信。

激光通信利用激光束在大气层或空间中传输数据,具有极高的带宽和数据传输速率。激光通信的主要优点是抗干扰能力强、传输距离长和带宽极高,适用于需要传输大量数据的场景。由于激光通信具有很强的方向性和聚焦性,可以在长距离通信中保持高信号质量。它在安全性方面也具有显著优势,很难被第三方截获或干扰。不过,激光通信受大气因素(如云层、雾和雨)的影响较大,这些因素会衰减光波信号,容易影响通信的稳定性和可靠性。

微波通信是最常见的卫星通信技术,使用频率范围在 1~30 GHz 的微波信号进行数据传输。微波通信的优势在于其成熟的技术和设备,能够在各种天气条件下保持稳定的通信性能。微波信号在大气层中的衰减较小,适合长距离传输。由于其较宽的频谱范围,微波通信可以提供较高的数据传输速率,适用于大多数卫星通信应用,包括电视广播、数据中继和物联网设备连接。微波通信在物联网中的应用广泛,例如,在农业物联网中,微波通信可用于传输传感器数据,实现对大面积农田的远程监测和管理。然而,微波通信的带宽相对较低,限制了其数据传输速率。此外,高频微波信号可能会受到大气因素(如雨衰减)和其他电磁信号的干扰。

毫米波通信使用频率范围在 30~300 GHz 的毫米波信号,具有更高的频率和更大的带宽,能够提供更高的数据传输速率。毫米波通信的主要优点是极高的频谱效率和低延迟,适用于高数据速率和实时通信需求的应用。然而,毫米波信号在大气中的衰减较大,传输距离较短,容易受到雨衰等天气因素的影响。为了克服这些挑战,毫米波通信通常需要先进的天线技术,如相控阵天线和波束成形技术,以提高信号强度和覆盖范围。

卫星通信技术,在物联网领域中根据不同的应用需求发挥着重要作用。通过不同介质的卫星通信技术,物联网能够实现全球范围内的高效、可靠数据传输,支持智慧农业、智慧城市、环境监测和灾害预警等多种应用场景。但是,卫星通信的延迟问题是需要解决的重要问题。特别是高轨道地球卫星,由于其较高的轨道高度,信号在地球与卫星之间的往返时间会导致约 500 ms 的延迟,这在实时性要求高的应用中(如远程医疗和工业控制)可能会造成问题。尽管低轨卫星可以显著降低延迟,但其覆盖时间有限,需要频繁切换和协调大量卫星,增加了系统的复杂性。

4.4 网络通信平台

在天空地一体化物联网网络层中,天基、空基和地基在其特定的网络架构下,分别使用不同的网络通信平台来实现各自的通信功能,并通过协同工作,提供无缝的通信覆盖和服务。天空地不同平台优势互补,不仅提高了物联网系统的可靠性和覆盖范围,还增强了系统的灵活性和响应能力,能够适应各种复杂的应用场景和突发情况,提供全面、可靠和高效的通信服务,推动各行业的智能化和数字化发展。

4.4.1 天基平台

天基平台是指在地球轨道卫星上搭载的通信设备和相关系统,是通过地球轨道上的通信卫星提供全球范围通信服务的关键组成部分,在物联网中发挥着至关重要的作用。

天基平台通信中,地面站或用户终端通过上行链路将信号发送至轨道上的通信卫星,通信卫星对信号进行放大和处理后,通过下行链路将信号传回地面站或目标终端。天基平台能够覆盖地球表面的大部分区域,包括地面网络无法触及的偏远地区和海洋区域,确保了全球范围内的连接。同时,卫星系统的高冗余设计,即使部分卫星故障,也能保障整体网络依然稳定运行。

卫星根据轨道高度分为地球同步卫星(GEO)、中轨道地球卫星(MEO)和低轨道地球卫星(LEO)。GEO 卫星位于约 35 786 km 的高度,轨道与地球自转同步,固定在地球赤道上空的一个位置,能够持续覆盖特定区域,适用于广播电视、气象监测等应用,但由于其高度较高,信号延迟较大,为 250~500 ms。MEO 卫星轨道高度为 2 000~35 786 km,常用于全球导航系统和部分通信服务,信号延迟适中,为 50~150 ms,覆盖范围和数据传输性能均优于 GEO 卫星。LEO 卫星轨道高度较低,为 160~2 000 km,信号延迟最低,为 10~50 ms,适合高速数据传输和实时通信,通常以星座形式部署,以实现全球覆盖。

地球同步卫星(Geosynchronous Satellite,GEO)是一种固定在地球同步轨道上的人造卫星,高度大约为 35 786 km,轨道周期为一天。因此,同步轨道地球卫星的轨道周期与地球自转周期相同,使其能够与地球上某一固定位置保持连续通信,也被称为地球静止卫星(Geostationary Satellite)。由于其高轨道位置,同步轨道地球卫星能够覆盖地球表面的大片区域,弥补了地面网络的局限性。同时,由于其轨道高度和地球同步特性,同步轨道地球卫星能够提供长时间、不间断的服务,这对于需要持续数据传输和监控的物联网应用尤为重要。例如,环境监测、灾害预警、远程医疗和海洋监控等应用都依赖同步轨道地球卫星的稳定通信来确保实时数据传输和响应,提高了物联网系统的可靠性和服务质量。同步轨道地球卫星还支持多功能应用和多种类型的通信服务,包括语音、数据、视频和广播等。这种多功能性使其在物联网应用中具有广泛的适用性,与地面传感器网络结合,可以提供综合的数据分析和决策支持。

中轨道地球卫星(Medium Earth Orbit Satellite,MEO)轨道的高度一般为 2 000~36 000 km,介于低轨道地球卫星和高轨道地球卫星之间。由于中轨道地球卫星的高度较低,传输信号所需的时间较短,通信延迟也相对较小,适合需要实时通信的应用场景。MEO 卫星的信号延迟通常为 50~150 ms,这使其成为全球导航系统(如 GPS、GLONASS 和 Galileo)和某些通信服务的理想选择,能够提供高精度定位和导航服务。此外,中轨道地球卫星技术相对成熟,其研制和使用成本也较低,这使得它们在卫星通信市场上具有较强的竞争力和广泛的应用价值。

低轨道地球卫星(Low Earth Orbit Satellite,LEO)轨道的高度一般为 160~2 000 km,位于地球表面和中轨道地球卫星之间。由于 LEO 卫星的高度较低,传输信号所需的时间极短,通信延迟也最低,通常为 10~50 ms,这使得 LEO 卫星非常适合需要实时通信和高速数据传输的应用场景。LEO 卫星的低延迟和高数据传输速率使其成为实现全球高效、实时数据通信的理想选择。LEO 卫星通常以星座形式部署,通过部署大量卫星在轨道上运行,实现全球覆盖和连续通信。

尽管 GEO、MEO 和 LEO 卫星在轨道高度、覆盖范围和信号延迟方面存在差异,但共同构成了天基平台的重要组成部分,弥补地面网络的不足,提供高可靠性的通信服务。它们能够适应各种极端地理和气候条件下的通信需求。天基平台通过这三类卫星的协调工作,提供了一个综合的全球通信网络,满足不同物联网应用场景的需求,广泛应用于智慧农业、智慧城市、环境监测和灾害预警等领域,提供高效、可靠的通信服务。

4.4.2 空基平台

空基平台是指通过在空中飞行器上搭载通信设备和系统,建立无线通信连接,为物联网设备提供特定区域范围内的通信支持。空基平台具有高灵活性、快速部署和广覆盖等优势,这些特点使其在地面基础设施不足或无法覆盖的区域(如偏远地区、海洋和灾区)中尤为重要,能够快速响应和适应多种应用场景。

空基平台可以通过不同类型的飞行器实现,可以进一步分为低空、中空和高空飞行器三类。低空飞行器通常指那些飞行高度较低、相对固定位置的设备,如固定翼无人机,这些飞行器能够长时间驻留在特定区域上空,提供稳定的通信覆盖,适用于大面积、低速率的数据传输。低空飞行器包括多旋翼无人机和小型固定翼无人机,这些飞行器具备较强的机动性和灵活性,能够在低空快速部署和移动,适用于临时通信需求和复杂地形的覆盖,如灾害救援和现场监控。高空飞行器则指那些飞行高度较高的设备,如高空气球和高空长航时无人机,它们能够在更大范围内提供持久的通信服务,适用于广域监测和长距离数据传输。

低空飞行器是指可以在地面或水面上起飞和降落,并且可以在空中悬停或飞行的飞行器,如无人机、直升机和飞艇等。低空飞行器可以灵活地操控和操作,适用于许多不同的应用领域,如民用、军事、商业和科学研究等。

常见的中空飞行器有多旋翼飞行器和无人机等。多旋翼飞行器(Multirotor Aircraft),如图4-16所示,是一种通过多个旋转的螺旋桨产生升力的飞行器,通常由一个中央控制器和多个电动机、螺旋桨和电子元件组成。多旋翼飞行器具有的垂直起降、空中悬停和轻巧便携等特点使其广泛应用于许多领域。无人机是一种不需驾驶员直接操控的飞行器,广泛应用于军事、农业、物流、环境监测等多个领域。无人机的类型多种多样,包括固定翼无人机(Fixed-wing UAV),多旋翼无人机(Multi-rotor UAV),直升机型无人机(Helicopter UAV),固定翼/多旋翼混合型无人机(Fixed-wing/Multi-rotor Hybrid UAV)和扑翼无人机(Ornithopter)等,西北工业大学研制的扑翼无人机如图4-17所示。在物联网中,无人机通过自组网,在空中动态组建和维护通信网络,实现数据的高效传输和共享,这对于覆盖广域区域、复杂地形或灾后救援等场景具有极大的应用价值。无人机自组网使得设备之间可以互相协同工作,提升了物联网系统的灵活性和扩展性。

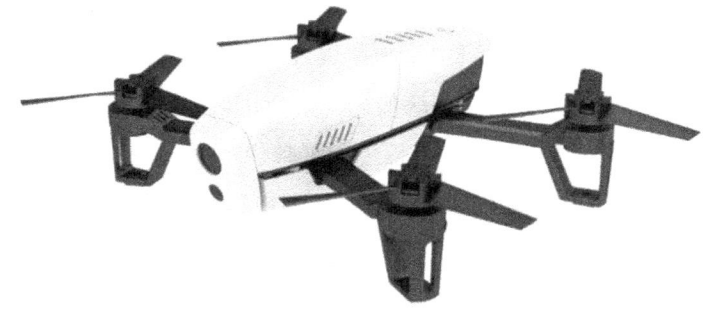

图 4-16 多旋翼飞行器

图 4-17 扑翼无人机

中空飞行器是指在较低的高度飞行的飞行器,通常飞行高度为 0～3 048 m 之间,如固定翼无人机、轻型飞艇等。中空飞行器可以更容易地操控和控制,并且可以在更复杂的环境中操作。固定翼无人机,如图 4-18 所示,续航时间长,载重量大,操作难度大,飞行平台要求高,适合远距离连续工作。其可搭载高清摄像头和其他传感器,用于航拍侦察、测量测绘和监视等任务。轻型飞艇是一种轻于空气的航空器,如图 4-19 所示,它由巨大的流线型艇体、位于艇体下面的吊舱、起稳定控制作用的尾面和推进装置组成。在网络和通信中,飞艇可以充当高空通信基站,提供广域覆盖和高可靠性的无线通信服务,特别是在偏远地区和应急通信中发挥重要作用。

高空飞行器是指在较高的高度飞行的飞行器,通常飞行高度在 3 048 m 以上,如高空气球和高空长航时无人机。高空气球是一种使用氦气或氢气充气的气球,外形通常是圆球形或椭圆形,它们的体积可以从几立方米到几百立方米不等。高空气球通常携带多个测量设备和通信设备,用于收集大气层的温度、湿度、压力等数据,并将这些数据传输回地面站点。在任务完成后,高空气球通常会通过自动或遥控的方式释放气体并降落,以便进行下一次任务。高空长航时无人机(High Altitude Long Endurance Unmanned Aerial

Vehicle,HALE UAV)是一种能够在高空长时间飞行的无人机,如图 4-20 所示,通常设计飞行高度在 6 000 m 以上。HALE UAV 通常由轻质材料制成,如碳纤维、玻璃钢和聚合物等,以减少重量并提高耐用性。与传统的无人机相比,HALE UAV 可以搭载多个传感器和设备,如雷达、相机、通信设备等,可以进行多种任务,如侦察、监测、通信和搜索救援等,在军用的侦察监视、民用的环境监测与救援等方面具有极大的应用潜力。

图 4-18　固定翼无人机

图 4-19　轻型飞艇

图 4-20　高空长航时无人机

4.4.3 地基平台

地基平台是指搭载在地面上的通信设备和相关系统,以为物联网设备提供接入通信及网络服务的平台。它通过在地面上建立有线或无线通信连接,为广大的物联网设备提供广域范围内的通信支持,适用于大多数传统地面网络覆盖的地域和环境。地基平台作为物联网系统的基础,在物联网系统中起着关键的作用。此外,按照作用域是否移动,将地基网络在物联网中的通信平台可以分为固定通信平台和移动通信平台。

固定通信平台主要包括光纤网络、以太网、蜂窝网络和 Wifi 等通信设施位置相对固定的地面通信基础设施。通过布设在地面上的光纤电缆、铜线和无线接入点,实现数据的采集、传输和处理。固定通信平台具有高带宽、低延迟和稳定性高等优势,能够支持大规模数据传输和处理,适用于需要高带宽和低延迟的应用。固定通信平台的优势在于其成熟的技术和广泛的覆盖范围。

移动通信平台主要特点包括广覆盖、高移动性和可靠性,能够在不同的海洋环境和工作条件下提供持续、稳定的通信服务。例如,海上作业平台、科考船等,由于其活动范围广泛、位置不断变化,因此需要灵活、高效的通信解决方案。移动通信平台通过与卫星网络的连接,能够提供全球覆盖的通信服务,确保在远离陆地的海上环境中也能保持稳定的通信。

固定通信平台和移动通信平台在物联网应用中各有其独特的优势和适用场景。固定通信平台以其高带宽和低延迟,适用于数据密集型和对稳定性要求高的应用,如工业自动化和智慧城市。移动通信平台则以其高移动性和广覆盖,适用于海上石油钻探、海洋科学研究、环境监测和船只导航等应用。在实际应用中,这两种通信平台常常相互补充,通过协同工作,提供全面、高效的物联网通信解决方案。总的来说,地基网络通过平台的协同互补,提供了多样化和高效的通信支持,推动了物联网在各个行业的广泛应用和发展。无论是固定的城市基础设施,还是动态的移动环境,地基网络都能够为物联网设备提供可靠的连接和数据传输保障。

本 章 小 结

本章针对天空地一体化物联网网络层的定义及基础架构进行介绍,分别阐述了天基网络、空基网络及地基网络的网络架构,总结了九种应用广泛的物联网通信技术,重点介绍了物联网网络通信平台，分析了天基网络的技术特点、发展方向及我国的未来建设规划。天空地一体化网络涵盖多种跨时间和空间的差异化构造网络，尽管对这一领域的研究已经全面展开，并吸引了各界学者的关注，但仍面临许多基础理论和应用层面的研究难题。

　　天空地一体化网络融合了天基、空基和地基网络，通过不同层级的通信平台协同工作，实现全球范围内的高效、可靠数据传输。这种网络架构的多样性和复杂性带来了跨域协调、异构网络融合和多维复杂移动性管理等一系列挑战。具体而言，如何在不同网络之间实现无缝切换和协同工作，以确保物联网设备在不同环境和条件下都能保持稳定、高效的通信连接。此外，多维复杂移动性管理问题要求研究者在考虑天基、空基、地基设备的同时，制定优化的移动性管理策略，以应对高动态、多路径和不确定性的通信环境。

　　首先，在基础理论方面，未来研究需要建立更加完善的跨域网络融合模型，开发新型协议和算法，以支持不同网络之间的高效协同和资源共享。其次，在应用方面，需要探索先进的网络管理和优化技术，通过人工智能和大数据分析，提升网络的智能化和自主调节能力，从而实现对复杂移动环境的自适应管理。天空地一体化网络是未来物联网发展的关键方向，通过持续的研究和技术创新，必将为全球物联网应用提供更加广泛和深远的支持，需要以更加深入的视角、新颖的观点，推动基础理论的突破和实际应用的落地，为构建全面、高效的天空地一体化物联网网络贡献力量。

参 考 文 献

[1] 王晓海.天基物联网技术发展与应用研究[J].卫星与网络,2017(8):64-69.

[2] 柳罡,陆洲,周彬,等.天基物联网发展设想[J].中国电子科学研究院学报,2015,10(6):586-592.

[3] 佘淑凤,邱庆举,丁晟.天基物联网在油气行业数字化转型中的应用[J].数字通信世界,2022(7):11-13.

[4] 黄飞,许辉,周恒,等.LEO卫星通信中基于服务质量的综合加权接入策略[J].电子与信息学报,2008,30(10):2411-2414.

[5] WANG X D, LIN H, ZHANG H Y, et al. Intelligent drone-assisted fault diagnosis for B5G-enabled space-air-ground-space networks[J]. IEEE Transactions on Network Science and Engineering, 2021, 8(4): 2849-2860.

[6] 余金培,华戌明,李国通,等.低轨卫星数据通信系统ORBCOMM在我国的应用

[J].电信科学,2000,16(12):42-44.

[7] 尹志忠,张龙,周贤伟.LEO/HEO/GEO 三层卫星网络层间 ISL 性能分析[J].计算机工程与应用,2010,46(12):9-13.

[8] 王建锋,王辉.浅析光伏供电系统在移动通信基站中的应用[J].数字通信世界,2018(9):198.

[9] 李斌,王学东,王继伟.极化码原理及应用[J].通信技术,2012,45(10):21-23.

[10] LYSOGOR I I, VOSKOV L S, EFREMOV S G. Survey of data exchange formats for heterogeneous LPWAN-satellite IoT networks [C]//2018 Moscow Workshop on Electronic and Networking Technologies (MWENT). Moscow, 2018: 1-5.

[11] RAYCHOWDHURY A, PRAMANIK A. Survey on LoRa technology: Solution for Internet of Things[C]//Intelligent Systems, Technologies and Applications. Singapore: Springer, 2020: 259-271.

[12] CAROSSO L, MATTIAUDA L, ALLEGRETTI M. A survey on devices exploiting lora communication [J]. Acta Marisiensis Seria Technologica, 2020, 17(2): 31-35.

[13] FRAIRE J A, HENN S, DOVIS F, et al. Sparse satellite constellation design for LoRa-based direct-to-satellite Internet of Things [C]//GLOBECOM 2020 - 2020 IEEE Global Communications Conference. Taipei, 2020: 1-6.

[14] BARBAU R, DESLANDES V, JAKLLARI G, et al. NB-IoT over GEO satellite: Performance analysis [C]//2020 10th Advanced Satellite Multimedia Systems Conference and the 16th Signal Processing for Space Communications Workshop (ASMS/SPSC). Graz, 2020: 1-8.

[15] SUMA V. Power efficient time-division random-access model based in wireless communication networks [J]. IRO Journal on Sustainable Wireless Systems, 2021, 2(4): 155-159.

[16] CLUZEL S, FRANCK L, RADZIK J, et al. 3GPP NB-IOT coverage extension using LEO satellites [C]//2018 IEEE 87th Vehicular Technology Conference (VTC Spring). Porto, 2018: 1-5.

[17] 李贵勇,舒强,李文彬.基于 NB-IoT 系统的 eDRX 的分析与研究[J].电子技术应用,2018,44(8):98-101.

[18] 王梦梓.全球高层级数字经济政策协调新趋势——经合组织《2020 年数字经济展望》解读[J].互联网天地,2021(8):44-47.

第 5 章 平 台 层

5.1 概 述

平台层是天空地一体化物联网的"大脑",提供数据存储、数据处理、传感器管理、数据应用等所需的基础硬件、软件和算法支撑。平台层主要实现以下四大功能。

1. 提供基础硬件运行环境

感知层获得的数据都将汇聚到平台层,并进行处理和应用。因此,平台层需提供数据存储、数据处理、应用软件运行所需的运行环境。目前,主要采用云计算平台和边缘计算平台的方式进行部署[1-2]。

2. 管理传感器、数据和网络等各类要素

平台层需对天、空、地各域大量的传感器和通信设备进行统一管理和控制。各类传感器采集的数据、数据处理产生的中间数据和结果、各类元数据等需在平台层进行管理,为上层各类应用提供统一高效的数据访问接口。

3. 提供应用快速开发平台

为方便软件开发人员和用户针对传感器感知数据快速构建定制化应用,平台层需提供应用开发所需的工具、框架、插件库等。此外,针对数据处理的算法模型,平台层也可构建集中式的模型库,以便各类应用共享使用。

4. 提供服务发现和应用部署支撑

根据物联网相关标准,如 OneM2M 和 ESTI 标准机构推荐的物联网标准,为了确保物联网服务能被可靠和安全地部署,并能够有效地对其实施全面的监督,平台层需要提供一组完备的基本功能,包括服务发现和注册管理、拓扑管理、组件管理、账务管理、订阅和通知管理和安全性管理等。

天空地一体化物联网包括卫星和空中节点的管理和数据采集。因此,天空地一体化物联网平台层需解决如何将传统物联网平台与卫星、空中节点地面管理平台进行高效融合的问题,从而实现对数据、管理、控制等内容的一体化整合[3-4]。

本章首先从平台层的架构出发,为读者介绍了空天地一体化物联网的架构组成,包括基础运行环境、物联网管理中台、应用开发平台三个层级;其次,依次重点介绍各层级的概念、组成以及主要功能。

5.2 平台层架构

与平台层的主要功能对应,天空地一体化物联网平台层主要包含基础运行环境、管理中台和应用开发平台三个部分,服务发现和应用部署相关要素是通用要求,贯穿于前面三个部分的每个模块,天空地一体化物联网平台层架构如图 5-1 所示。其中,基础运行环境用于提供计算、存储、网络等基础运行环境;管理中台实现对设备、连接、数据等内容的管理;应用开发平台提供应用快速开发所需的支撑环境。

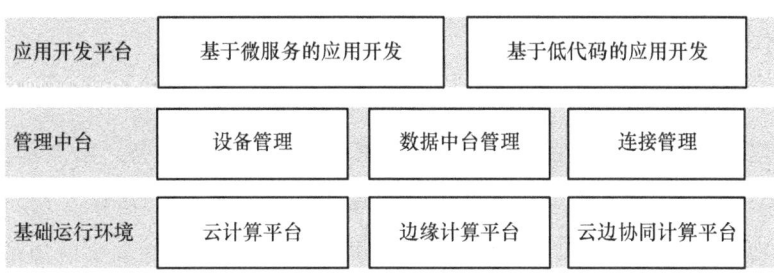

图 5-1 天空地一体化物联网平台层架构

基础运行环境由云计算平台、边缘计算平台、云边协同计算平台三个部分组成。基础运行环境的参与者是各种类型的平台服务提供商或私有云服务平台。云计算平台可以提供的产品与服务可以分为 IaaS、PaaS、SaaS 等不同维度的服务。边缘计算平台是将云计算能力下沉到更靠近设备源头的地方,依托典型边缘计算架构,充分利用虚拟化技术、容器技术和容器编排等技术,提升计算效率、资源利用率和服务质量;云边协同计算平台将云计算平台和边缘计算平台打通,实现资源数据、管理和服务等方面的高效协同[5]。

管理中台包括设备管理、数据管理和连接管理等功能。设备管理是对传感器、网络等设备进行管理,具体又可以分为接口管理、设备控制、设备位置、设备状态管理等;数据管理是指对来自天空地一体化物联网感知层、网络层的数据进行管理,包括数据持久化存储、数据高效检索、数据统计分析等功能;连接管理包括连接方式管理、连接认证管理和连接协议管理等内容。

应用开发平台在基础运行环境和管理中台的基础上,为上层用户应用开发提供统一的高效开发平台。在本书中主要以基于微服务和低代码两种方式为例进行阐述。

5.3 基础运行环境

5.3.1 云计算平台

云计算平台利用虚拟化技术将大规模硬件资源进行统一抽象,并通过软件方式将其划分为不同类型服务,如 IaaS、PaaS、SaaS 等。云计算平台可为天空地一体化物联网提供丰富的计算、存储和网络资源。云计算平台具有动态扩展的特点,与天空地一体化物联网中传感器可扩展性不谋而合,是物联网数据存储和处理的理想平台。

1. 云计算平台架构

云计算平台架构多种多样,但大体上可以分为六个部分,如图 5-2 所示。第一部分为硬件资源,即云计算平台管理的所有计算、存储和网络等硬件设备。第二部分为虚拟化层,该层利用虚拟化技术将下层硬件资源进行虚拟化。第三部分为 IaaS 层,该层将虚拟化后的各类资源进行统一管理,构建可以按需切分的计算、存储和网络资源池,并提供给用户使用。第四部分为 PaaS 层,该层在 IaaS 层基础上,提供了操作系统、数据库、中间件、运行时等各类通用运行环境。第五部分为 SaaS 层,该层为物联网相关的各类应用,用户通过访问这些应用即可享受到物联网的相关服务。第六部分为管理层,该层为云计算平台的正常运行提供保障,为前五部分的公共支撑,主要包括用户管理、安全管理、计费管理、容灾备份、运维管理等功能。

上述架构为云计算平台最核心的架构组成。随着云计算技术的不断发展,云计算平台架构也在不断丰富扩展。例如,进入大数据时代后,数据的访问和使用也变成了一种服务。提供数据服务的云计算平台会在 PaaS 之上增加一个数据访问即服务层(Data as a

Service，DaaS）。

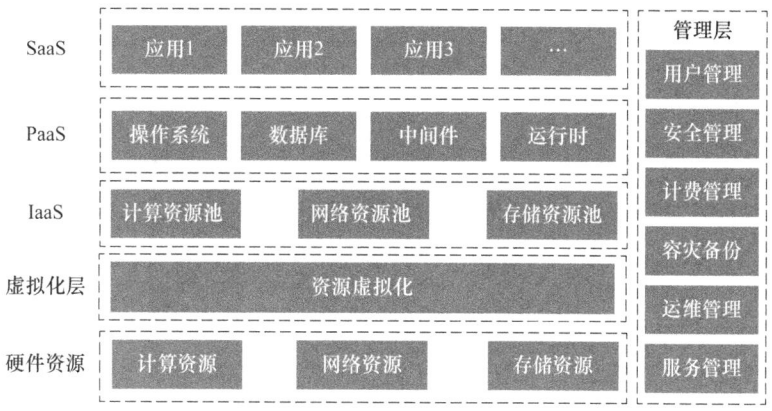

图 5-2　云计算平台架构

云计算平台的主要功能是为用户提供 IaaS、PaaS、SaaS 等服务，云计算服务类型比较如图 5-3 所示。由 IaaS 到 SaaS，用户对平台资源使用的灵活性越来越小，同时用户需要自己负责的内容也越来越少。

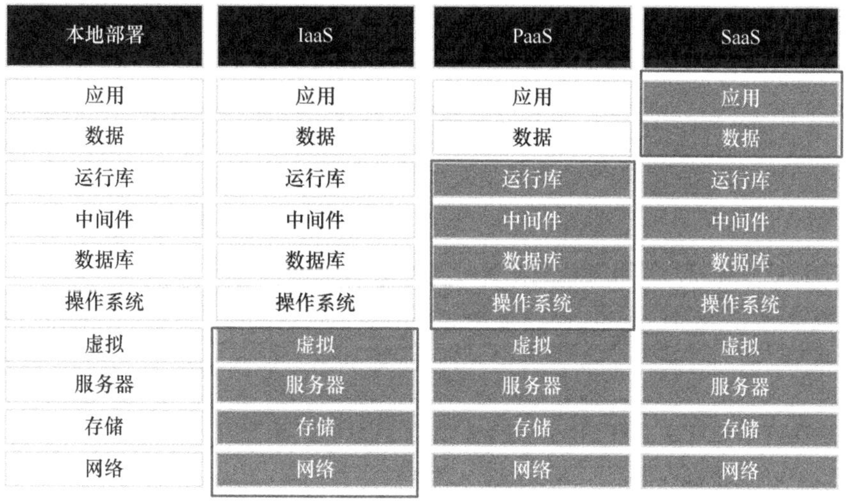

本地部署	IaaS	PaaS	SaaS
应用	应用	应用	应用
数据	数据	数据	数据
运行库	运行库	运行库	运行库
中间件	中间件	中间件	中间件
数据库	数据库	数据库	数据库
操作系统	操作系统	操作系统	操作系统
虚拟	虚拟	虚拟	虚拟
服务器	服务器	服务器	服务器
存储	存储	存储	存储
网络	网络	网络	网络

图 5-3　云计算服务类型比较

1）基础设施即服务（IaaS）

在基础设施即服务模式中，云平台服务商以计时计量的方式出租平台处理能力、存储空间、网络容量等资源。IaaS 架构中应用、数据、运行环境、中间件、系统由自己管理，虚拟化、服务器、存储、网络由云平台服务商提供。

天空地一体化物联网中，大规模终端海量接入有对物理资源的需求，这使得物联网与云计算的结合成为必然。无论是横向的通用支撑平台，还是纵向特定的互联网应用平台，都可以在 IaaS 服务基础上实现物理资源的共享及业务能力的动态弹性拓展。同时 IaaS 所提供的统一的界面接口为内部异构的物理资源，破除了环境的限制，使得物联网中软硬件能实现更好的松耦合。

2) 平台即服务（PaaS）

在平台即服务模式中，云平台服务商提供给用户一套可编程、可开发的云环境。其中，应用、数据由自己管理，运行环境、中间件、系统、虚拟化、服务器、存储、网络由云平台服务商提供。

PaaS 在物联网云计算平台中扮演重要的角色，为开发者提供快速构建、部署和扩展物联网应用所需的环境和工具支撑。PaaS 可进一步细分为应用程序平台即服务（Application Platform as a Service，APaaS）和集成平台即服务（Integration Platform as a Service，IPaaS）。APaaS 支持应用程序在云端的开发、部署和运行，提供软件开发中的基础工具给用户，包括数据对象、权限管理、用户界面等。IPaaS 连接企业内部的各种应用程序、系统和技术，即集成和打通平台。它允许部署和维护集成流，而不需要在企业内部或企业与第三方之间使用硬件或插件，可以在独立的或者多个交叉的组织中进行，从而降低用户集成和运营成本。

3) 软件即服务（SaaS）

在软件即服务模式中，云平台服务商提供给客户一套在云环境下的工具和应用程序。应用、数据、运行环境等所有要素均由云平台服务商提供。

天空地一体化物联网中接入的用户多样，所涉及的设备、数据、服务也是多样化的，SaaS 直接向用户提供上层服务，在高效利用底层资源的同时实现高性价比的数据处理，可以提升服务质量，降低用户应用开发和部署门槛。物联网中的 SaaS 在感知层有更多的拓展，感知层扩展的各种信息采集设备，以采集到的大量数据为基础，进行关联分析和处理，PaaS 可隐藏复杂的中间操作直接向最终用户提供最终业务功能。

2. 云计算平台的优势

云计算平台可为天空地一体化物联网提供弹性灵活、高性价比、安全可靠的集中式计算环境。相比本地计算，云计算可为天空地一体化物联网带来如下优势。

1) 低成本

云计算平台可降低用户自行构建和维护计算基础设施的资金投入。用户可以通过云计算平台轻松获得资源，而无须自购硬件设备和聘请人员进行平台运维管理。

2) 高扩展

云计算平台可以根据用户需求快速扩展或缩减计算资源，避免用户需要提前购买和部署硬件设备,难以快速灵活应对业务需求变化的难题。

3)高可靠

云计算平台会通过数据多副本容错、计算节点同构可互换等一系列措施来保障服务的高可用性,使用云计算比使用本地计算更加可靠。

4)安全性

云计算平台提供了多层次的安全保障措施,包括数据加密、访问控制等,避免了用户自建数据中心由于技术人员水平差异带来的安全风险。

3. 云计算平台关键技术

云计算平台架构中实现硬件基础设施到云操作系统连接的关键技术是虚拟化技术。通过计算虚拟化、存储虚拟化、网络虚拟化技术将云底层的硬件设施抽象构成统一共享的虚拟资源池,为天空地一体化物联网平台中的各种角色提供资源。

1)计算虚拟化

计算虚拟化技术指的是通过软件技术,将物理服务器上的计算资源(如 CPU、内存等)抽象成多个逻辑上相互独立的虚拟资源,从而使这些逻辑资源不再受制于物理层面的约束,如 CPU、内存等资源的限制。针对这种抽象过程,业界发展了多种虚拟化方式,包括全虚拟化、半虚拟化以及硬件辅助虚拟化。CPU 虚拟化原理如图 5-4 所示,而当前的主流虚拟化技术则倾向于采用效率更高的硬件辅助虚拟化技术,常见的计算虚拟化工具包括 VMware、Xen、hyper-v、KVM 以及 QUME 等。在天空地一体化物联网中,由于设备和系统众多且单个边缘节点的算力往往较为受限,通过计算资源虚拟化技术,可以使多个异构节点协同计算,形成边缘微云,提供充足的边缘算力服务。

2)存储虚拟化

存储虚拟化是指通过虚拟化技术,如图 5-5 所示,把存储资源整合到一起后对外提供服务,同时实现数据安全性、容量提升、性能提升等效果。存储虚拟化的实现涉及多个技术层面。在磁盘虚拟化方面,采用了 RAID 技术、副本技术和纠删码技术,这些技术有效提升了数据的冗余性和容错性,确保数据的可靠性和完整性。在存储系统虚拟化方面,scale-out 和 scale-up 的方式被用来根据实际需求灵活扩展存储系统,以满足不断增长的存储需求。此外,存储网络虚拟化通过部署存储网关(文件系统)来实现,这种方式能够显著提升存储容量和性能,同时支持异构存储设备的集成,增强了系统的兼容性和灵活性。在主机虚拟化方面,软 RAID 和 Thin-Provisioning 技术的应用,使得主机能够更高效地管理和使用存储资源。在天空地一体化物联网中,由于用户往往具有一定的特殊性,数据存储的隐私与安全是极为重要的课题,存储虚拟化技术可以实现数据的加密和访问控制,增强数据的安全性。

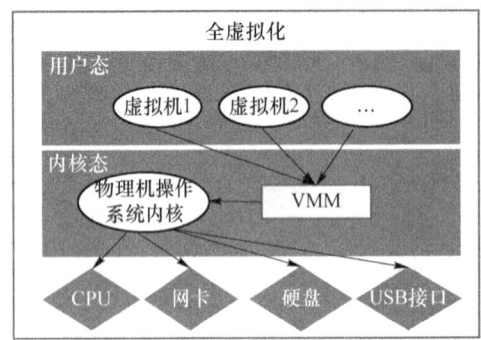
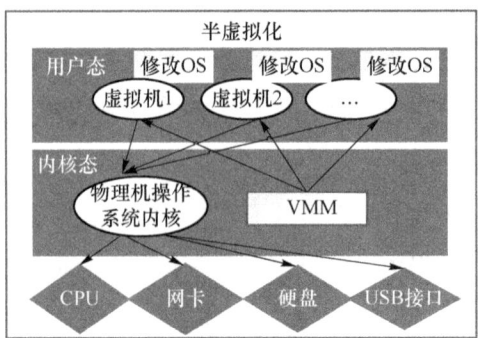
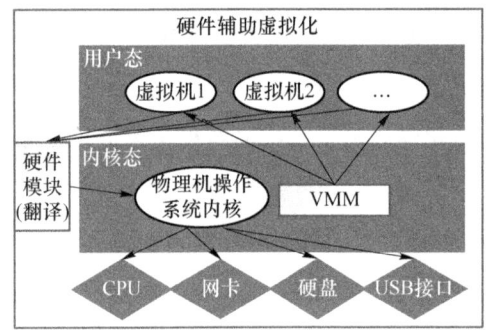

图 5-4　CPU 虚拟化原理

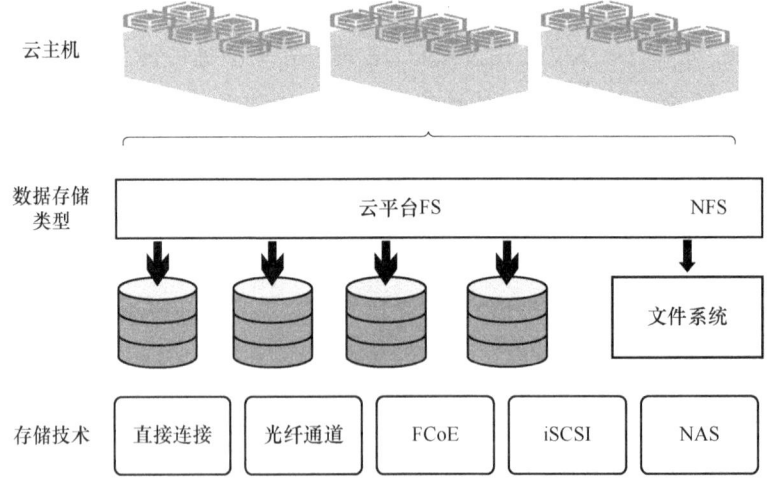

图 5-5　存储虚拟化技术

3）网络虚拟化

网络虚拟化分为网络设备虚拟化和网络架构虚拟化两个方面，如图 5-6 所示。网络设备虚拟化是通过网络功能虚拟化（NFV）技术来实现的，它允许网络功能在虚拟环境中运行,如虚拟网卡、虚拟交换机、虚拟路由器以及虚拟防火墙等。这种技术使得网络功能能够按需创建和部署,大大提高了物联网系统的灵活性和可扩展性。而网络架构虚拟化则侧重于将各个网络设备上的控制层面进行集中化,形成一个统一的控制平面。通过软件定义网络(SDN)技术,这一控制平面能够实现对全局网络的统一控制和管理。

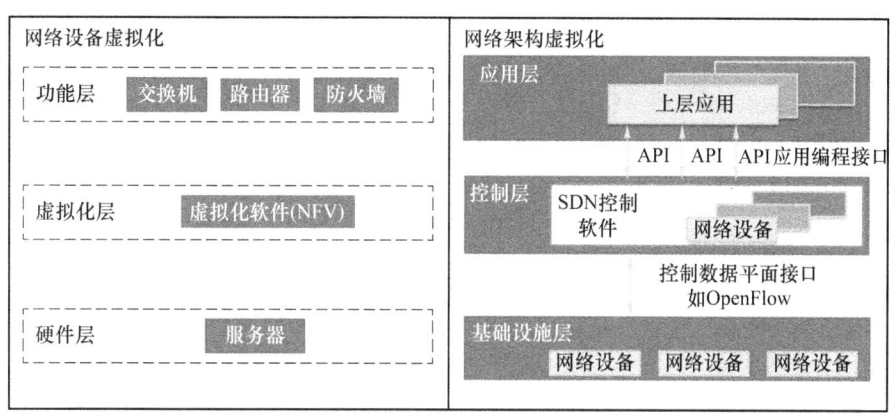

图 5-6 网络虚拟化技术

天空地一体化物联网具有极高的复杂性和动态性,任务需求和网络状态会随着时间和环境频繁变化,网络虚拟化技术能够根据实际需求动态分配和调整网络资源,以满足不同场景下的性能要求,提高系统的灵活性和适应性。

4) 分布式存储与资源管理

为了能够高效快速地处理海量数据,为了确保数据的可靠性,基于存储虚拟化技术,云计算平台往往会采取分布式存储技术,将数据存储在不同的物理设备上,这种存储方式打破了设备硬件的限制,避免了传统网络集中式存储中存储器性能瓶颈的问题,具有更好的可扩展性和存取效率,能够满足用户的即时需求。分布式资源管理技术存储所涉及的服务器规模在几百到上万台,位于多个不同的地理位置,运行的应用成千上万,这些节点的协同需要对多种网络资源进行分布式管理。分布式资源管理系统需要在多节点并发执行环境中将各节点的状态需要进行同步,当节点故障时,需要有效机制保证其他节点不受影响,保证分布式服务的鲁棒性,分布式存储与资源管理如图 5-7 所示。

5) 分布式并行编程模式

云计算涉及多个用户、多种任务,如何让用户高效、简捷协同,任务快速、并发处理,通过网络资源把计算资源分发到用户手中,需要适应云计算系统的编程模式,即分布式并行编程模式。分布式并行编程模式的设立,旨在实现软硬件资源的高效利用,进而简化用户操作,提升应用或服务的响应速度。在此模式下,后台复杂的任务处理和资源调度无须用户介入,实现透明化,从而显著优化用户体验。而 MapReduce 分布式并行编程模式如图

5-8 所示,作为当前云计算领域主流的并行编程模式之一,它通过自动分割任务为多个子任务,并利用 Map 和 Reduce 两个阶段,在大规模计算节点中高效分配与执行任务。

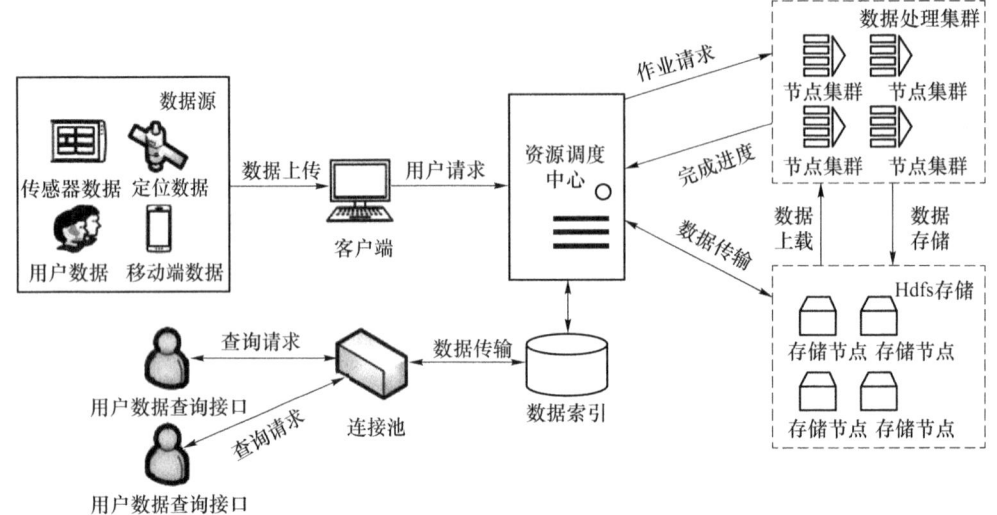

图 5-7 分布式存储与资源管理[6]

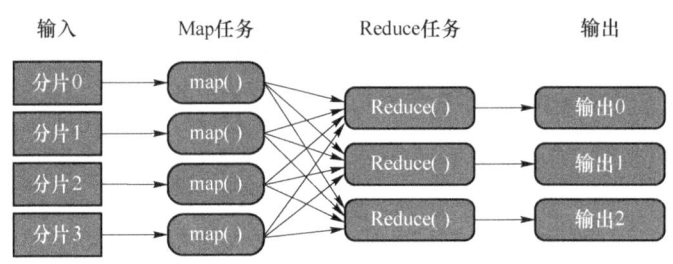

图 5-8 MapReduce 分布式并行编程模式

5.3.2 边缘计算平台

边缘计算是指在靠近物或数据源头的一侧,采用计算、存储、网络核心能力为一体的平台,为用户提供"一站式"服务,减少用户等待时间,提升用户体验。由于任务处理发生于边缘侧,网络响应更快,适用于天空地一体化物联网中对实时性、安全与隐私保护等要求较高的应用场景。天空地一体化物联网的边缘计算平台是云计算平台的补充部分,也是云计算能力的下沉,可以提升资源效率与服务质量。

1. 边缘计算平台架构

当前,边缘计算平台的主流架构是云-边-端架构。其中,云是云计算中心,边是边缘计算节点,端是终端设备。

1) 终端层

终端层由各种物联网设备(如传感器、RFID 标签、摄像头、智能手机等)组成,主要采集和上报原始数据。终端层大量物联网设备不断收集各种数据,通过不同的协议或网络接入到边缘计算层,以事件源的形式被中台纳管,并作为应用服务的输入。

2) 边缘计算层

边缘计算层由广泛分布在终端设备和云计算中心之间的边缘节点组成。在天空地一体化物联网中的边缘节点包括卫星、无人机、飞艇、地面基站、智能终端设备等;也可以部署在网络连接中,如网关、路由器等。边缘计算层以更接近数据源的方式可以为用户提供更好的服务,减轻了整体网络中数据的传输量。

3) 云计算层

云计算是最强大的数据处理中心,是边缘计算的支撑点。边缘计算层上报的业务和数据永久存储在云计算中心,边缘计算层无法处理的任务可以上传至云计算中心完成。云计算中心还可以提供整合全局信息的大数据分析能力,实现深层次信息挖掘功能。

在云-边-端架构中,用户请求从终端设备发出后,由边缘计算节点接收。如果边缘计算节点上存在该请求对应的边缘服务,则该计算请求就在边缘计算节点上处理,处理完成后结果返回至用户。如果边缘计算节点上没有相应的计算请求,则需要进一步向云中心转发请求,由云计算中心处理。又或者向云中心请求相关的边缘计算节点,将服务从云计算中心复制到其他边缘计算节点,从而能够处理未来的同类型请求。通过该架构服务模式,终端设备的各类计算任务可以通过边缘服务的方式,由本地计算转换为边缘计算,从而降低终端的能源消耗和提升数据处理效率[7]。

天空地一体化物联网的边缘计算平台可以部署于天基节点、空基节点和地面节点上,如图 5-9 所示。

根据业务特点,边缘计算平台架构还包括边-端架构和端-端架构,边是边缘计算节点,端是终端设备。如图 5-10 所示为边-端架构示意图,这种架构中边缘服务器可能有多个,并根据特点配置不同的服务,边缘服务器间可以通过边-边网络传递数据与服务请求,从而实现协同任务处理。边-端架构适用于局域网内的网络场景,且服务对象和计算服务类型具有高度的定制性,常见于工业园区、校园或其他一些特定的物联网终端局域网。对用户来说,他们的计算请求被一个边缘节点接入,边缘服务器作为运算节点处理用户请求,也可以将用户请求调度到其他配置了该服务的边缘服务器进行处理。

物联网一些场景中基础设施无法利用到边缘服务器或中心云服务器,泛在边缘计算架构被提出。图 5-11 是端-端架构示意图,这是一种 D2D(Device to Device)的架构,即设备与设备间通过以直连或多跳的方式形成的自组织网络进行通信。泛在边缘计算架构中,设备可以作为服务的提供者,也可以将自己的计算任务卸载到其他设备进行处理。通过这种设备与设备协作的方式,可以在缺少计算资源的物联网终端间实现资源的有效整合和利用,从而提升数据处理效率。

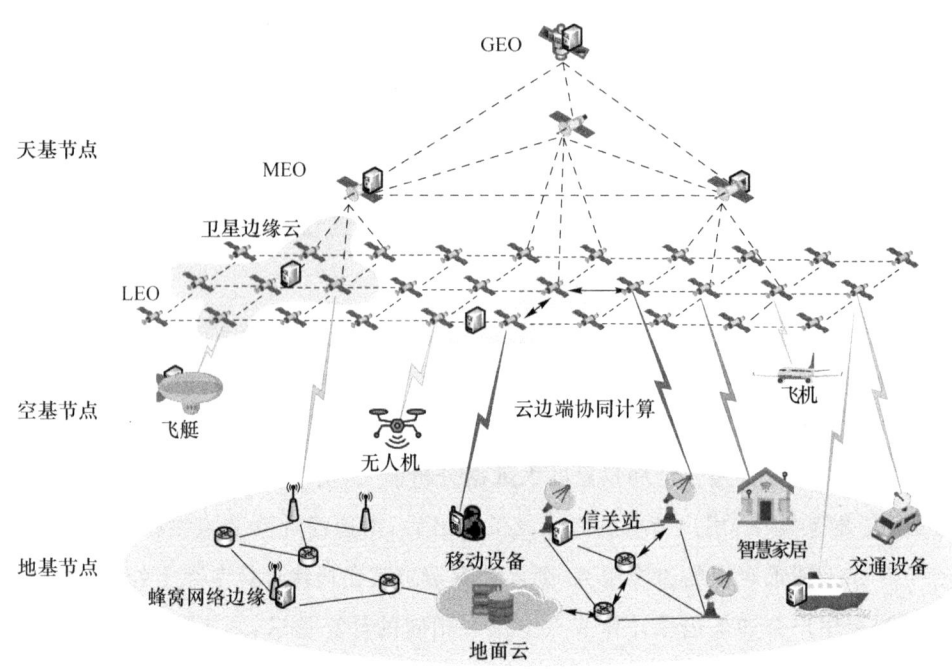

图 5-9 天空地一体化物联网云-边-端节点分布

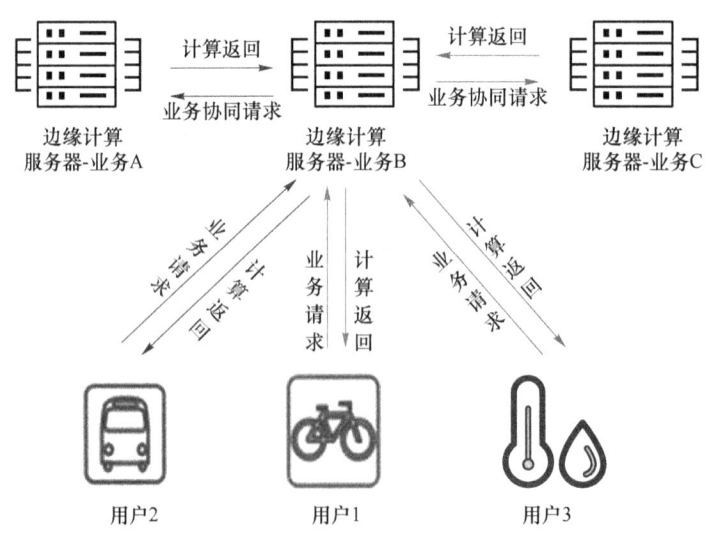

图 5-10 边-端架构示意图

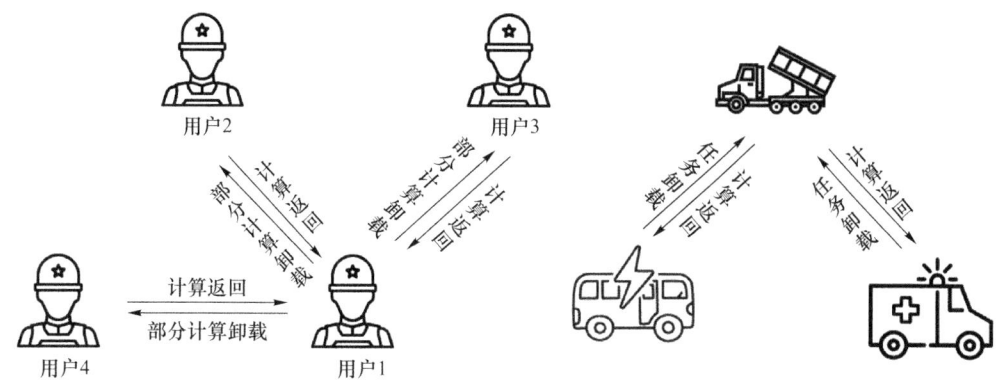

图 5-11 端-端架构示意图

2. 边缘计算平台优势

边缘计算平台可为天空地一体化物联网在计算时延、网络流量、覆盖范围等方面提供高效支撑,具体体现在以下几个方面。

1) 快速数据处理

边缘计算平台部署位置在靠近物联网传感器和用户终端一侧,与云计算平台相比,网络数据传输时延大大降低。物联网传感器采集的数据可在就近的边缘计算节点中处理后,迅速为用户提供服务。

2) 低网络流量

物联网数据优先在边缘进行处理,避免了数据在网络中多次转发,将极大降低传感器和用户与云计算中心间网络数据传输量。尤其是,对宝贵的天地通信带宽资源来说,边缘计算的作用更加明显。这对提升天地一体化物联网系统整体性能具有重要作用。

3) 广信号覆盖

在卫星上部署边缘计算平台,可充分利用卫星的广域覆盖优势为传感器和用户提供快速数据处理服务,且不受地面地形限制,对海洋、戈壁、丛林等地面网络很难覆盖的物联网应用场景尤为重要。

4) 高资源利用率

边缘计算采用虚拟化技术对天空地一体化物联网系统中分散的硬件资源进行抽象,为上层应用提供统一的平台服务,可实现各类异构计算资源的整合与共享,从而提升整个系统的硬件资源利用率。

5) 低能源消耗

传感器将采集的数据传输至边缘计算节点进行处理,可降低自身对能源和计算资源的需求。因此,在同等传感器尺寸约束下,可提升传感器的工作时长;或在同等性能参数约束下,可降低传感器尺寸。

3. 边缘计算平台关键技术

1) 容器化技术

容器化技术是在虚拟化技术上衍生而来,与虚拟机模拟整套虚拟计算系统的方式不同,容器技术对操作系统的资源进行再次抽象,而非对整个物理机资源进行虚拟化,即容器里不再安装操作系统。将不同应用封装在容器中能实现快速部署,它打包代码及其所有依赖项,以便应用程序从一个计算环境快速可靠地迁移到另一个计算环境。它的本质是一种操作系统级别的虚拟化,启动一个容器其实就是启动一个进程,节省了大量操作系统所占资源,因而可以服务于更多租户。同时容器共享硬件资源及操作系统可以实现资源的动态分配,每个容器的 CPU、内存、硬盘和网络带宽容量都可进行分配,并且拥有独立的 IP 地址和操作系统管理员账户。

2) 计算任务卸载技术

在天空地一体化物联网中,前端设备的计算能力最弱,边缘计算平台次之,云计算中心最强。计算能力弱的系统可以卸载计算任务到同级或计算能力较强的系统,从而提升数据处理速度。

在不同情况下对计算卸载策略的目标也各异,例如,有些计算任务进行卸载是为获得最快的处理速度,有些计算任务进行卸载是为了降低能源消耗。同时,计算任务的卸载性能会受多种因素影响,如网络带宽、目标平台可用的计算资源、计算任务的数据量等。因此,针对不同计算任务的性能目标,如何选择合适的卸载策略是重要的研究问题之一。

在传统的边缘计算系统中,根据卸载任务的程度不同,卸载策略一般分为:①本地处理,即在本地完成计算任务,不向其他系统卸载;②部分卸载,即卸载部分数据到其他系统共同完成计算任务;③全部卸载,即将全部数据卸载到其他系统进行处理。但在天空地一体化物联网中,天基、空基、地基各域节点间采用无线方式进行通信,网络通信动态性较强。这给边缘计算带来新的挑战。一方面,计算卸载策略必须具有动态调整能力。由于网络带宽的变化,可能导致已经确定的计算卸载策略无法获得最优性能。如何在动态网络环境下使动态卸载策略获得全局最优性能是亟须解决的关键技术之一。另一方面,系统节点间出现网络连接断开的现象。计算卸载过程中必须保证被卸载的计算任务不会因网络断开而出现丢失数据或系统崩溃的现象。这就要求计算卸载策略必须具备较强的可靠性。

5.3.3 云边协同计算平台

云边协同计算平台的基本思想是将边缘计算平台和云计算平台共同构成算力资源池,为不同角色的用户提供不同层级的服务。天空地一体化物联网中云边协同需实现三个层面的协同,即资源协同、数据协同、管理协同,如图 5-12 所示。

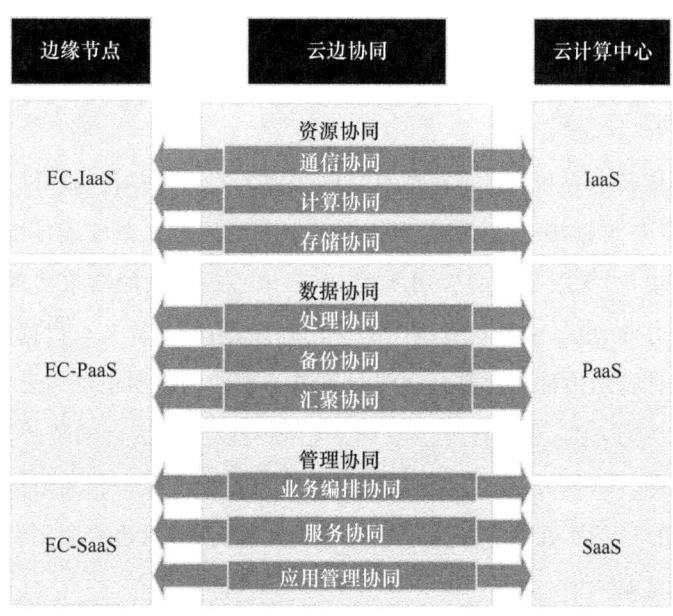

图 5-12 云边协同计算

1. 资源协同

资源协同通过边缘节点提供计算、存储、网络、虚拟化等基础设施,与云端进行协同,执行包括边缘节点的设备管理、资源管理以及网络连接管理在内的云端资源调度管理策略。即,云端可以联合边缘端资源进行统一调度,提供资源调度管理策略;边缘节点可以提供相应基础设施资源,同时具有本地资源调度管理能力。资源协同提供了全局视角的资源调度能力,旨在根据任务的需求和资源的可用性,合理地分配任务和管理云边资源,提高资源利用率和计算任务执行效率。

2. 数据协同

数据协同是指云中心和边缘计算节点共同完成数据处理、存储和汇聚等。边缘节点和云中心之间的数据协同,使得数据能够在边缘和云之间有序流动,从而形成一条完整的数据流转路径。数据协同主要包括三个方面:处理协同、备份协同和汇聚协同。在处理协同方面,边缘设备数据由终端设备采集后上传到边缘节点,边缘节点通过数据预处理可以过滤掉大量冗余或无效数据,筛选出与业务关联的关键数据,根据需要上传到云中心节点,可以有效减少网络带宽、存储资源和计算资源的消耗。云中心节点获取关键数据后进一步分析,通过云端部署的智能应用完成复杂业务场景需求。在备份协同方面,边缘节点由于存储空间有限,只对部分数据进行临时性本地存储,并将关键数据实时或周期性备份到云中心进行持久化存储。在汇聚协同方面,云中心会连接很多边缘节点,不同边缘节点获得不同数据在云中心进行汇聚,可实现跨区域、跨系统的多维时空数据融合及协同分析[3]。

3. 管理协同

管理协同是指云中心和边缘计算节点共同完成天空地一体化物联网数据处理系统的管理,主要包括业务编排协同、应用管理协同和服务协同。在业务编排协同方面,由边缘计算节点提供模块化、微服务化的应用实例,由云中心根据功能需求实现统一业务编排。在应用管理协同方面,由云中心构建统一的应用仓库,边缘计算节点根据应用需求按需从云中心拉取应用进行本地部署;同时,边缘计算节点部署的应用也可向云中心应用仓库进行推送。在服务协同方面,边缘计算节点和云中心均以服务接口的范式向物联网系统内部和外部提供服务。例如,云中心通过边缘计算平台的服务接口获取边缘应用的状态、处理结果、日志等信息,然后在云中心完成进一步的处理,实现对边缘应用实例、边缘云计算和存储资源等按策略调度。

5.4 物联网管理中台

在云计算和边缘计算两大核心技术的支持下,天空地一体化物联网管理中台构建了一个由设备管理、数据中台管理和连接管理三大支柱组成的全面架构。本章聚焦于传感器管理进行设备管理的分析,传感器管理作为设备管理的重要一环,涵盖了远程监控、设置调整、软件更新、故障检测与修复以及告警管理等核心功能,这些功能均建立在设备通信接入的基础之上。而数据中台管理聚焦于数据的清洗、存储、处理和分析等流程,其数据分析过程常常借助多种高级辅助技术来增强效果。连接管理专注于物联网终端的网络通信接入手段的选择与管理,通过这一模块,数据中台能够全面掌控物联网终端的连接状态、所订购的服务及套餐详情等关键信息[8]。

5.4.1 传感器管理

传感器技术是一项综合了多个学科领域的工程技术,涵盖了信息处理、技术研发、生产制造以及性能评估等多个关键环节。无线传感器网络(Wireless Sensor Network,WSN)是一个由各种物理传感器节点、无线电收发设备、微控制器以及电源等组件共同构建的网络系统。其核心功能在于能够将外部环境中的各种信号转换为电信号,进而实现精准的检测和自动化的控制。WSN的管理主要包括了三个核心方面:①能量管理,由于能量资源在无线传感器网络中显得尤为珍贵,因此需要采取合理的策略来优化利用,以延长网络节点的使用寿命;②服务质量(QoS),这是为了满足用户对网络性能的具体需求,确保网络能够提供足够的资源保障;③网络管理,它涵盖了对设备和系统的全面监控、测试与维护,具体包括故障管理、配置管理、性能管理以及安全管理等多个方面,以确保网络系统的稳定、高效运行[8-9]。

1. 传感器管理平台架构

天空地一体化物联网资源管理平台以广泛的连接为基础,实现天空地各类设备的互联互通,其架构如图5-13所示。其中,包括部署在地面、空中和太空的大量传感器设备。这些设备接入资源管理平台的方式可分为基于TCP/IP的网络连接设备和基于特定通信协议的专用设备。在设备层,由于天空地一体化物联网具有容迟容断、动态拓扑、资源有限的复杂性,资源管理系统的实现方式也多种多样。有的设备采用REST接口,有的设备则使用特定的通信协议或遗留接口。为了统一设备接入的方式,设备适配层采用了连接管理模块,这一模块能够消除不同设备接入时的差异,为其他模块提供一个标准化的接口。同时,资源绑定模块将设备与对应的通信协议或协议组进行绑定,确保数据的正确传输和解析。当设备传递消息时,包分发模块会将这些消息分发给相应的协议栈进行解析。经过解析,原始的字节流会被转化为与设备相关的数据。这些数据随后会传递给资源平台层,经过必要的处理或上传给上层应用,以支持各种复杂的业务场景和决策过程。在天空地一体化物联网中,这些应用可能包括环境监测、灾害预警、资源调度等,以满足对地面、空中和太空的全面监控和管理需求。

2. 传感器管理平台功能

1) 设备层

在天空地一体化物联网传感器管理平台的基础是设备,包括天、空、地三个层面各自涉及不同类型的传感器。

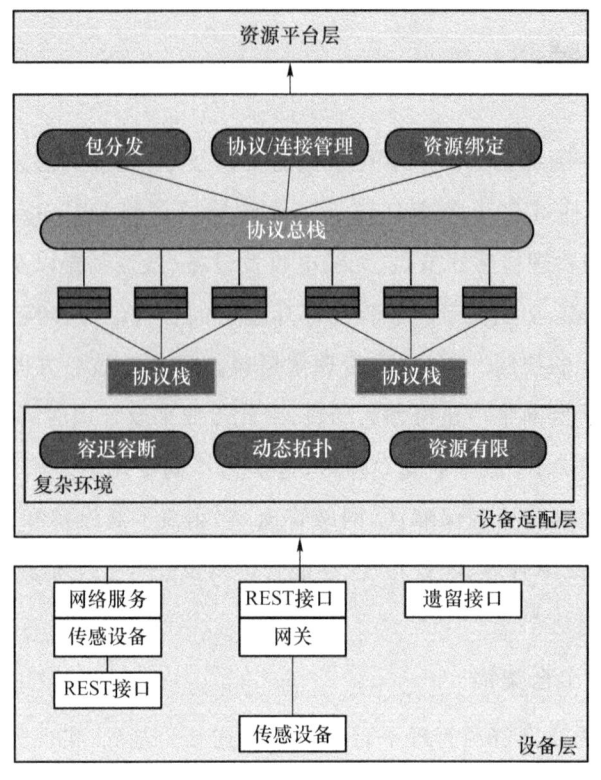

图 5-13 天空地一体化物联网资源管理平台架构

(1) 天基

涉及天文、气象、环境等方面的传感器,卫星可用于监测全球范围内的气象、自然灾害、军事目标等信息;气象雷达可用于测量降水、风速、风向等气象参数,用于天气预报和灾害预警;空气质量传感器可用于测量空气中的各种污染物质,用于监测城市环境和人类健康。

(2) 空基

涉及交通、安全、物流等方面的传感器,无人机可用于物流配送、地形勘测、农业巡查、安防监控等领域。航空雷达可用于监测飞机的位置、高度、速度等信息,用于空中交通管制和安全。

(3) 地基

涉及城市、工业、农业等方面的传感器。城市中的各种感知传感器用于监测城市生态、交通、资源状态;工业传感器可用于监测工厂的生产线、设备等信息,用于生产管理和设备维护;农业传感器可用于监测农作物的生长情况、土壤湿度、气温等信息,用于农业生产管理和科学种植。

不同空间维度下的传感器在管理层面上有着不同的管理需求和挑战,需要采用不同的管理策略和方法来确保它们的正常运行和有效使用。天基传感器通常涉及大规模的数据采集和处理,需要高效的数据管理和分析工具来处理这些数据,卫星等高成本设备也依赖于高效的设备管理和维护策略;空基传感器通常涉及数据的实时传输和处理,需要高速的通信网络和处理能力,空基传感器通常需要在复杂的环境下工作,如恶劣天气和高海拔地区等,因此需要采用高可靠性和安全性的设备和通信技术;地基传感器通常分布广泛且数量较多,需要采用可扩展的数据管理和分析工具来处理这些数据。此外,由于地基传感器通常分布在复杂的环境中,如城市和工业区等,也需要采用管理策略来确保设备的正常运行和寿命。

不同类型的传感器获取的数据类型和大小也会不同。对于天基传感器而言,其数据量庞大,需要使用高效的数据压缩和处理技术;而对于地基工业传感器而言,其数据量较小,但需要高精度的数据采集和实时传输技术。不同类型的传感器使用不同的通信技术和协议。例如,无线传感器网络需要使用低功耗的通信协议,而天基传感器需要使用高速稳定的卫星通信技术。同时,不同类型的传感器也需要针对不同的安全需求进行安全加密和认证,以保障数据的安全性和隐私性。

2) 设备适配层

在构建天空地一体化的物联网体系时,位于边缘的众多传感器设备通常具备小巧的体积和低廉的价格,但同时它们的存储、计算、网络及电源能力都相当有限。面对这些挑战,传统的互联网设备管理协议显得过于复杂,无法有效地支持多元化、异构性设备的统一管控。这些设备往往采用各异的底层通信协议和数据传输标准,这无疑给物联网设备的管理增添了不小的难度。为了降低这些不同协议间的差异性和复杂性,我们需要研发更为高效、灵活的协议和管理方法,以适应日益增长的物联网设备管理的需求。

在物联网架构中,轻量级 M2M(Light Weight M2M,LWM2M)作为一种由开放移动联盟(OMA)提出的解决方案,为远程设备管理、服务支持及应用管理提供了高效途径。它基于表述性状态转移(REST)风格设计,这种软件架构强调客户端-服务器模式,并以系统资源为核心,通过请求-响应模式来运行。在 LWM2M 体系中,服务器通常部署在数据中心,而客户端则直接嵌入在物联网设备上。为了确保设备与系统之间的顺畅交互,LWM2M 定义了四个关键接口:引导启动、设备发现和注册、设备管理和服务支持、信息报告。鉴于传统协议对物联网设备而言过于庞大和复杂,LWM2M 协议明智地选择了约束应用协议(CoAP)作为其传输层协议,该协议基于 UDP,具备轻量级的头部设计,能够显著降低通信开销,并支持异步消息传送。为了与现有的 HTTP 生态系统相兼容,CoAP 还提供了与 HTTP 的映射功能。此外,LWM2M 还引入了短消息服务(SMS)来控制设备在休眠和唤醒状态之间的切换,从而优化能源使用。同时,利用数据报传输层安全性(DTLS)协议,LWM2M确保了服务器与客户端之间通信的安全性。在资源管理方面,LWM2M定义了一个灵活的资源模型,将设备上的每个可用信息抽象为资源,进一步组合成对象。这种设计不仅简化了底层传输协议和数据模型的复杂性,还使得整个系统具备良好的可扩展性,能够适应天空地一体化物联网中复杂多变的应用场景。

在构建天空地一体化物联网的框架中,消息队列遥测传输协议(Message Queuing Telemetry Transport,MQTT)与LWM2M一样,均被视为设备管理中遥测功能的杰出标准协议。MQTT由IBM推出,以其轻量级的架构和卓越的适应性而著称,尤其适用于资源有限和网络环境不稳定的物联网设备。MQTT采用发布/订阅模式,这种模式特别适用于物联网环境中,当一个传感器数据需要触发多个服务或终端执行相应动作的场景。该协议使用二进制消息编码,有效减少了网络流量,同时基于TCP/IP协议确保了消息传输的有序性、无损性和双向连接性,并提供三种QoS级别的支持。在MQTT中,存在三种核心角色:发布者、代理和订阅者。发布者和订阅者角色可以由同一个传感器设备担任,而代理则由服务器承担,这些服务器通常位于物联网的边缘。在消息传输过程中,主题(Topic)和负载(Payload)是不可或缺的元素。订阅者会向消息服务器(也称为代理或Broker)订阅特定的主题,一旦订阅成功,服务器就会将相关主题下的所有消息实时转发给所有订阅者。目前,MQTT协议已经广泛应用于智慧家居、医疗设备等多元化领域,为天空地一体化物联网的构建提供了强大的技术支持。

在天空地一体化物联网的架构中,由于其显著的大规模性和动态性特征,异构资源的接入问题尤为突出。为了解决这一问题,我们引入了统一设备接入层(Unified Device Access,UDA)机制,它能够灵活地适应和融合不同底层设备的异构特性。UDA的构建基于一种精心设计的协议栈架构,该架构由协议栈总线、协议栈以及协议栈管理模块共同组成。在UDA协议栈的底层,我们采用了OSGi平台,这一平台以其强大的扩展性和灵活性著称,支持内部组件的热插拔和即插即用特性,使得新的协议能够轻松地集成到整个架构中。此外,UDA还具备强大的协议自适配能力。它能够根据实际需求,自动选择或动态调整协议栈,以解析和传输来自不同设备的数据包。这种自适应机制确保了数据的准确传输和高效处理。在协议栈中,不同设备和数据协议以OSGi Bundles的形式存在,这些Bundles被封装在协议容器中,使得整个系统更加模块化、易于管理和扩展。综上所述,UDA作为天空地一体化物联网中的重要组成部分,不仅能够有效解决异构资源接入问题,还能提升整个系统的灵活性和可扩展性,为物联网的广泛应用提供了强有力的支持。

5.4.2 数据中台管理

随着新平台、新业务和新市场的蓬勃发展,天空地一体化物联网面临着前所未有的挑战。早期业务垂直化和个性化的发展,导致了数据孤岛的出现,这不仅降低了数据的有效利用率,也限制了其潜力的挖掘。此外,众多异构设备之间数据标准的不统一,使得数据使用的成本高昂。一些部门内部的数据冗余、信息系统之间的孤立与深耦合,更是导致了存储和计算资源的巨大浪费。应对这些挑战需要推动新老机制的融合,打破数据孤岛,构建统一的数据服务能力。借助大数据、云计算和人工智能等先进技术,天空地一体化物联网有能力显著提升数据处理能力。通过建设数据中台,天空地一体化物联网可以隔离数据来源的底层技术细节,基于云计算和边缘计算等基础运行环境,为上层应用提供统一的接口,从而支持多业务场景的实现。数据中台的核心目标是从数据中提取价值,这主要体现在两个方面:一是通过数据驱动的决策(BI)提升决策效率和质量;二是通过数据驱动的应用(AI)推动业务创新和优化。实现这些目标需要进行全局的数据汇聚和治理,统一数据规范,确保数据生产者和数据消费者能够顺畅地交流和使用数据,从而降低异构数据使用的难度。同时,物联网还需要高效地完成从数据到价值的转换过程,通过数据能力的抽象和共享复用,实现数据的最大化利用。在天空地一体化物联网的背景下,数据中台的建设将提供强大的数据支撑和智能决策能力,推动物联网产业的持续发展和创新[10]。

1. 数据中台管理概述

在天空地一体化物联网的架构中,海量的传感器数据源源不断地产生,需要高效传输到后台进行处理和分析。为了解决这一挑战,数据中台成了关键所在,然而它也面临两大核心问题。首先,由于设备的多样性,产生的数据也具有多样性。为了确保数据的一致性和可处理性,我们需要通过物联网网关将这些多样化的数据转换为统一的标准格式。这一步骤至关重要,因为它为后续的数据处理和分析奠定了坚实的基础。其次,不同的业务场景和应用需要对相同的数据进行不同时间粒度和形式的处理。这种多样化的需求对于一般的数据平台来说往往难以应对。但数据中台凭借其强大的能力,能够自动处理不同格式和粒度的底层数据,并提供统一的转换和管理。在数据中台的作用下,经过汇总的基本数据将通过统一的数据接口提供给上层应用使用。这种架构的巧妙之处在于,所有的应用和数据都运行在同一个集群中,通过统一的界面进行管理。这不仅极大地提高了数据处理和管理的效率,还解决了多源异构数据的处理及可控管理的难题。建设物联网数据中台的建设目标围绕对数据能力的抽象、共享和复用三个功能来设计。数据中台的建设会贯穿数据处理的全生命周期,即从原始数据到最后产生数据价值的整个流程,且整个流程都处于数据中台的管理之下。从原始数据到实现数据价值的完整流程过程中,每一步都是数据中台建设需要考虑的:数据发现/探索、数据采集/导入、数据建模/治理、数据转换/分析,数据中台是全局标准化、规范化以上流程,使产生的结果和能力能够在全局共享和复用。

数据中台应实现资源隔离、控制管理、可弹性扩充的资源和应用管理等基础架构,具体架构介绍如下。

1) 云原生架构

在天空地一体化物联网的背景下,大数据分析的高性能需求依赖于分布式计算与存储框架。然而,传统分布式架构运维烦琐、升级风险高、日志分散导致故障排查困难,且节点恢复缓慢。因此,构建数据中台时,应采用云原生架构,以简化大数据应用的开发、测试、迭代流程,实现数据能力的便捷共享与复用。此外,数据中台还应统一中台组件的标准化配置和管理,为各种分布式计算与存储框架的顺畅运行和部署提供有力支持。

2) 异构处理引擎支持

在天空地一体化物联网的实践中,为满足多样化的数据分析需求,我们需部署多种异构的引擎。例如,对于离线大规模数据处理,我们会选择 Hive 和 Spark 这类强大的引擎;对于实时流数据的处理,我们会采用 Kafka 和 Flink 等高效的流处理工具;而在进行图计算分析,如舆情分析和用户推荐时,Neo4j 这样的图数据库引擎将发挥关键作用。通过这些多样化的引擎配置,我们能够灵活应对各种数据分析场景,确保在物联网环境中数据的充分利用和价值的深度挖掘。

3) 容器化开发运维流程

在天空地一体化物联网的背景下,数据中台的建设应着重考虑其服务编排的灵活性,以便快速响应业务需求并实现高效的应用功能开发。我们强调平台的高内聚、松耦合特性,通过容器化方式部署大量基础组件,确保大数据应用在微服务架构下流畅运行。采用云原生的 DevOps 和 CI/CD 流程,我们能够加快开发团队对大数据应用的迭代和更新速度,提供高可用、高性能、高并发的架构支持,从而简化运维工作,确保整个系统的稳定性和可靠性。

2. 数据中台管理架构

天空地一体化物联网数据中台的管理体系展现出一种层次分明的架构,即统一的天空地基础支撑层、公共的物联中间件层以及多样化的应用服务层。在统一的天空地基础支撑层中,集成了天空地应用基础能力平台与数据基础技术。这包括云原生术所提供的

IaaS 和 PaaS，以及一系列针对天空地数据特性的基础技术工具，如大数据平台组件、数据仓库、数据湖的构建工具、ETL 工具以及数据可视化工具等。公共的物联中间件层则有效利用底层组件和数据，实现了从原始数据到数据能力的转换（OneID、OneModel、OneService）。它构建了一个数据集成开发平台，并基于 PaaS 组件，以微服务的形式进行容器化部署，从而支持数据清洗、数据治理，并提供统一的接口服务。多样化的应用服务层则基于平台组件开发，形成了天空地数据资产运营平台和物联业务服务能力层。数据资产运营平台负责管理全局的数据资产及应用，提供数据价值变现的管理工具，实现数字化运营。而数据业务能力层则运用数据中台提供的工具，结合业务部门的实际需求，提供切实可用的服务，形成多维度的数据能力矩阵。它支持多种数据应用，为业务提供统一的数据服务接口和查询逻辑，展示数据分析结果，构建以业务为核心的连接和标签体系。更进一步，通过深度数据分析与决策支持、业务智能化处理，实现了数据资产的价值化。这一体系打破了全业务、多终端、多种数据形态的局限，经过精细化的数据处理和计算，实现了数据指标的结构化和规范化，统一了指标口径，并存储到各类数据库、数据仓库或数据湖中，实现了全面、统一的数据资产化管理。

（1）在天空地一体化物联网的架构利用应用云平台实现资源的高效与分布式管理（如 Meros、YARN 等技术），确保在广泛的地理空间覆盖下，无论是地面设施还是空中、卫星等空间设备，都能得到统一的资源调度。引入容器调度技术（如 Kubernetes、Marathon）增强应用之间的独立性、降低开发和共享过程中的复杂性，这些技术能够适配天空地一体化的复杂环境，实现服务的快速部署和高效隔离。在容器服务生命周期管理方面，应用云平台以容器形式运行的系统服务，特别是那些需要持久性支持的关键服务，如身份验证服务、系统监控与报警服务，以及跨地面、空中和空间的分布式调度服务等。这一服务功能允许用户根据业务需求，在指定的时间自动运行指定的程序，从而确保了天空地一体化物联网系统中各项任务的准时、高效执行[11-12]。

（2）容器化大数据平台中的关键组件将逐步实现容器化，并在云平台上高效运行。这包括基础的存储引擎，如分布式块存储 HDFS、对象存储 Ceph 和文件存储 GlusterFS，以及数据库管理系统（如 MySQL、Hive、MongoDB）等。这些存储和管理系统能够支持结构化、半结构化和非结构化数据的存储。同时，计算引擎（如分布式计算框架 MapReduce、Spark、TensorFlow 和 Flink 等），也将以容器化形式运行，支持实时计算、离线计算、交互式计算和图计算等多种计算模式，以满足天空地一体化物联网中复杂多变的数据处理需求[13]。

（3）数据集成开发平台扮演着核心角色，它运用数据基础能力平台的组件，将各种源数据汇集至数据中台，并对其进行细致的治理和转换，确保数据能够满足各用户部门的需求。此平台有效整合了硬件资源、数据资源、应用资源以及基础数据能力资源,形成了一个全局可管理、各部门皆可使用的数据中台,实现了数据价值的快速转化。数据中台的核心功能涵盖数据仓库的数据建模和管理,包括 Hive、MPP 等技术,用于数据建模、主数据管理以及元数据管理。数据集成涉及数据在系统中的流动,涵盖导入、清洗、治理等关键步骤。数据开发则利用多种数据开发系统,如数据探索、查询、机器学习和可视化等,以满足不同业务需求。对于物联网中产生的大量数据,需要高效的数据存储技术来支撑,如关系型数据库(MySQL、Oracle 等)、NoSQL 数据库(MongoDB、Cassandra 等)和分布式文件系统(Hadoop、Spark 等)。在数据采集过程中,传输协议(如 MQTT 和 CoAP 等)、数据格式转换(如 JSON 和 XML 等),以及数据清洗和预处理技术(如去重、异常处理、归一化、降维等),均发挥着重要作用。数据集成方式多样,如数据库同步、埋点、网络爬虫、消息队列等,而数据服务则包括数据看板、模型服务、数据大屏或类似 OneService 的服务。这些应用和服务均需在集群上运行,由应用调度系统进行全局管理,同时辅以全局多租户管理,确保数据应用/工具的集成与管理的高效性[14]。

(4)数据资产运营平台承载着数据中台自身运营管理的重要职责,是确保系统长期高效稳定运行的关键支撑。为了维护有序的管理环境,该平台将系统中的数据应用与数据视为统一资产进行管理。数据应用资产管理旨在实现数据与应用资产的全面盘点,其核心目标是实现数据的资产化。同时,数据资产管理涵盖了对数据资产目录、元数据、质量、血缘关系、生命周期以及应用链路血缘等方面的细致管理,这不仅有助于追踪数据的变化,还能有效梳理数据间的关系,对于整个系统的精细化运营和管理至关重要。

(5)数据业务能力层通过数据集成开发平台进行构建,并由数据资产运营平台统一管理,为业务部门提供实际的数据能力支持。这些能力与具体业务紧密相连,包括提供数据 API(如数据即服务)、模型服务 API,以及数据看板、数据报表、数据大屏等可视化工具,以满足业务部门对数据分析和决策支持的需求。

3. 数据处理与分析

天空地一体化物联网中传感器和感知终端设备获取周围物质世界的数据,该数据具备实时性、海量性、多源异构性、时空相关性等特点。根据应用的需求,数据产生的实时性要求数据处理的实时性,直接决定了系统应用的可用性。传感器的种类和性能不同,获取的数据格式和内容也不同。传感器节点的数据也会与地理位置和采样时间相关,在处理时可能基于不同的复杂逻辑约束的组合进行统计和分析。

在天空地一体化物联网的背景下,数据处理指的是对来自地面、空中和卫星等多种来源的数据进行采集、存储、检索、加工、变换和传输的过程,旨在将原始的、多样化的数据转化为有价值的信息。数据处理的结果以多种形式展现,如纯文本文件、图表、电子表格或图像,以适应不同用户的需要。数据处理过程遵循一个三阶段的循环:①输入阶段,即把收集到的数据转换为机器可读的格式,以便进行后续的计算机处理;②处理阶段,通过应用各种数据操作技术,计算机将原始数据转化为有价值的信息;③输出阶段,将处理后的数据转换成人类可读的格式,并以有用信息的形式呈现给最终用户。数据可视化是数据处理的一个重要环节,它利用折线图、柱状图、散点图、热力图等技术,将数据以可视化的形式呈现出来,帮助用户更直观地理解数据的趋势和关系,从而支持更准确的决策[12]。

在物联网数据分析领域,多种辅助技术极大地提升了效率和准确性。其中,大数据技术尤为关键,它涵盖了分布式存储、分布式计算、批处理和流处理等方面。分布式存储技术(如 HDFS 和 S3)能有效管理海量数据。分布式计算技术(如 Hadoop 和 Spark)则提供了强大的计算能力。批处理技术(如 MapReduce 和 Hive),适合处理静态数据集。流处理技术(如 Storm 和 Flink)则适用于实时数据流的处理。这些技术共同助力我们处理物联网中的庞大数据量,从而发现隐藏在其中的规律和模式。此外,人工智能技术也在物联网数据分析中发挥了重要作用。它涵盖了机器学习、深度学习、自然语言处理等多个子领域。机器学习技术,如线性回归和决策树,能够揭示数据间的潜在关系;深度学习技术,如神经网络,能够处理复杂的非线性模式;自然语言处理技术则帮助我们理解和分析文本数据。这些技术不仅提高了数据分析的准确性,还提升了处理效率,使得我们能够更深入地挖掘物联网数据中的价值[13]。

5.4.3 连接管理

连接管理是物联网运维监控、开发创新的基础,通过连接管理平台达到全面掌握网络连接状态的目标。连接管理平台应用于运营商网络上,实现物联网连接配置和故障管理、保证终端联网通道稳定、网络资源用量管理、连接资费管理、账单管理、套餐变更、IP/Mac资源管理。该平台通常提供多种连接协议的支持,以满足不同类型和规模的物联网场景需求。同时,连接管理平台还能够支持设备注册和认证、数据传输加密等功能,以确保物联网系统的安全性和可靠性。

1. 连接管理平台架构

在天空地一体化物联网中,物联网应用依赖于多样化的连接技术。这些连接技术通过连接管理平台得以有效管理,该平台采用标准化的接口实现物联网应用与通信系统的无缝对接。这一平台不仅减少了物联网应用企业和运营商的成本负担,更成为推动物网应用发展且扩大其应用规模的关键赋能系统。

天空地一体化接入物联网的通信资源种类繁多,需要在网络接口之间进行协议的转换。各种连接面对的网络是多层次的。

(1) 天空地基传感器、控制器和设备终端产生的数据会逐层向上传输,并通过连接服务的底层接口与物联网管理中台及上层应用进行信息交换。

(2) 物联网平台不仅从物联网/互联网中获取数据和信息服务,还通过横向接口与其他物联网平台和系统相连,实现数据的共享与交换,发送控制器操作指令以实现对远程设备的控制;同时,连接管理平台能够接入其他平台或系统的应用接口,获取更多元的信息服务和资源。

(3) 连接管理平台还支持连接专用网络和系统,作为物联网连接的补充手段,与专有、私有系统进行信息交互,实现系统间的点对点服务。

(4) 连接管理平台是该架构中的核心组件,包含外部接口、连接规范配置和连接管理等功能。外部接口通常以 API、SDK 等形式提供物联网数据或应用服务,便于第三方系统接入;连接规范配置确保终端与平台之间的数据格式和信息交互方式统一;而连接管理则涵盖了对手机终端卡号等业务的全面管理。

在天空地一体化物联网中,连接管理平台发挥着至关重要的作用,如图 5-14 所示。该平台被视为物联网连接应用的核心能力,Gartner 将其定义为一种整合型产品,能够管理公有云、私有云和混合云环境。该平台的基本功能包括连接方式管理和连接协议管理。此外,它还包括连接认证管理,涵盖终端和网关的 Token 鉴权、传输通道的加密功能。连接协议管理体现在提供多样化的信息传输和交互协议上。该连接管理平台的主要用户群体为运营商,他们通过平台的模块化功能操作,能够更加高效地管理物联网 SIM 卡,确保物联网网络的稳定运行[15]。

1) 连接方式管理

连接方式管理支持所有的天基、空基、地基常用的有线和无线的通信接入方式,如固定宽带、2G/3G/4G、5G、NB-IoT,以及 Z-Wave、ZigBee、Wi-Fi、PLC、LoRa、BT 等通信接入方式。

2) 连接协议管理

连接协议管理支持多种通信协议接入,包括 HTTP/HTTPs、MQTT、CoAP 和 CoAPS 协议,确保各类设备能够顺畅地接入。同时,服务平台会对这些接入协议进行智能解析,以实现数据的高效处理和传输。

3) 连接认证管理

设备在接入物联网平台时,需通过唯一的身份标识(如 IMEI 或 MAC 地址)进行认证。一旦认证通过,平台将提供安全的传输通道,确保设备数据的完整性和安全性。

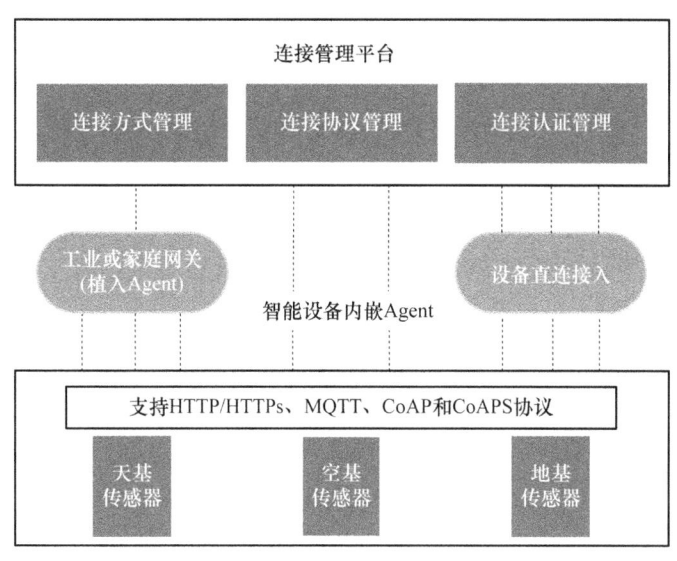

图 5-14 连接管理平台架构

2. 连接管理平台功能

运营商的连接管理平台包括两部分,即供企业客户使用的自服务门户和供运营商使用的运营管理门户。连接管理平台功能架构如图 5-15 所示。

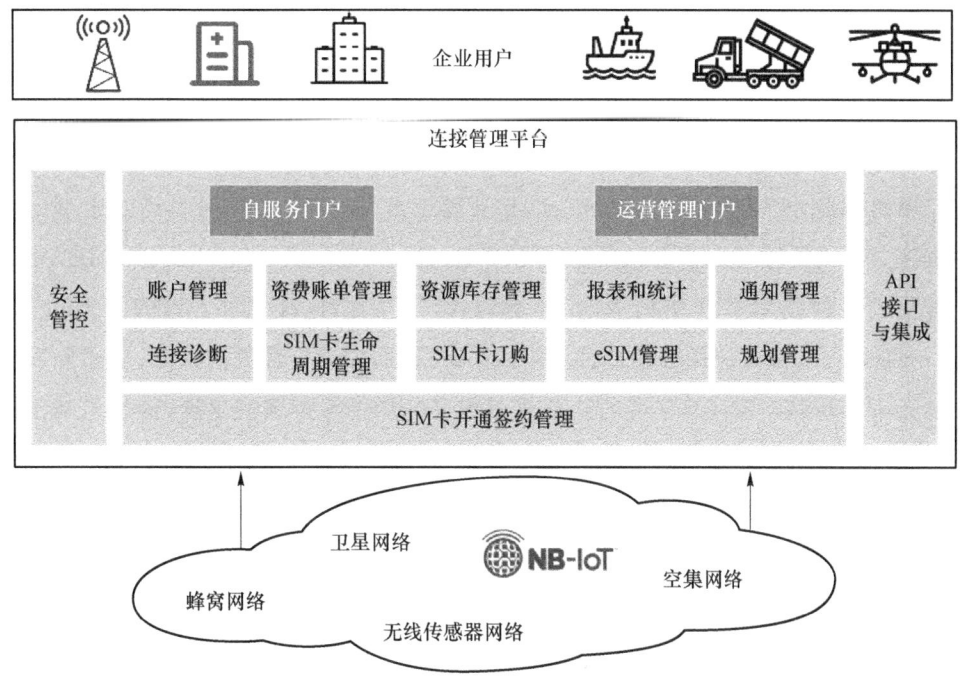

图 5-15 连接管理平台功能架构

1) 自服务门户

自服务门户为用户提供了一个全面、自助式的操作界面,用户可以方便地查询和管理 SIM 卡状态、费用信息、计费周期内通信服务的使用详情,以及 SIM 卡告警等。同时,企业客户还能在此门户中进行账户管理,利用基于角色的访问控制来保障信息安全。

2) 运营管理门户

针对天空地一体化物联网的运营管理需求,运营管理门户为运营商提供了一个集业务办理、咨询投诉、业务展示于一体的管理系统。此外,该门户还整合了开发者社区和能力开放平台,旨在与开发者共同构建物联网合作开发的生态圈,推动物联网领域的快速发展[16]。

5.5 应用开发平台

5.5.1 概述

应用开发平台是一种软件开发工具,提供了一系列的应用程序接口和开发工具、测试工具、部署工具和文档等资源,使开发人员更高效地进行应用程序开发。应用开发平台经历了一系列发展,不断地向开发人员提供更加丰富和便捷的开发工具和环境,如今也逐渐向低代码开发平台转型。

应用开发平台的技术发展经历了四个阶段。第一阶段是单一技术应用开发平台,它们基于单机环境,使用如 Visual Basic、Delphi 等工具,开发者能够利用其创建 Windows 应用程序。第二阶段引入了集成开发环境(IDE),如 Microsoft Visual Studio、Eclipse 等,它们能集成多种技术并开始向 Web 环境转移,催生了 Java Web、.NET Framework、Ruby on Rails 等 Web 应用开发平台。进入第三阶段,随着云计算的兴起,应用开发平台开始向云平台转移。云计算平台的共享使用和 PaaS、SaaS 模式的出现,催生了基于微服务的应用开发平台,如 AWS、Azure、Google Cloud 等。这些平台支持快速、灵活的应用开发,满足各类用户的需求。在第四阶段,低代码/无代码开发平台崭露头角。这些平台旨在让非专业开发人员也能轻松创建应用程序,同时提高开发效率、降低开发成本。它们提供可视化的界面设计、自动化的代码生成和集成、自动化的测试和部署等功能,让应用开发变得更加简单和高效[17]。

微服务架构和低代码开发是两种不同的技术方案,它们各有优劣,可以根据具体的应用场景和需求选择适合的方案,具体对比见表 5-1。

表 5-1 微服务架构和低代码开发对比

	微服务架构	低代码开发
定义和范畴	一种分布式系统架构,将应用拆分为可独立部署扩展的小型服务	一种软件开发方法,使用可视化工具和少量编码加速应用程序开发
技术实现	使用 Docker、Kubernetes、Spring Cloud 等技术实现服务部署	使用如 OutSystems、Salesforce、Mendix 等低代码开发平台来实现可视化开发和快速部署
应用场景	适用于大型、复杂的应用程序,可以提高系统的可扩展性和灵活性	用于中小型应用程序,可以加快开发速度和降低开发成本
开发人员	需要专业的开发人员来设计和实现服务架构,需要具备一定的分布式系统和网络编程知识	可以由非专业的开发人员使用可视化工具来进行应用程序开发,无须深入了解编程语言和技术细节

5.5.2 基于微服务的应用开发

传统的应用开发采用单体架构,直接在单个应用中集成所有组件。这种应用的可扩展性和可维护性较低。同时,开发人员发现不同应用中很多组件是可复用的,如用户登录、在线支付、权限管理等,没必要每次应用开发都重新编写一遍这些模块。因此,提出了基于微服务的应用开发模式。微服务即在传统应用中分离出来的可独立部署的小型组件,通过 REST API、事件流和消息代理等方式彼此通信和协同工作。基于微服务的应用开发通常需要实现以下几大核心能力。

1. 服务拆分

基于微服务的应用开发需要将应用拆分成小的、自治的服务,并确保每个服务具有明确的职责和接口。服务之间通过轻量级的通信机制进行交互,以达到高内聚、低耦合的目的。在进行服务拆分时,需要考虑服务的粒度和职责划分,以实现更好的效果。常见的服务拆分策略包含水平拆分和垂直拆分。水平拆分是按照业务功能或者业务流程的不同阶段进行拆分。例如,一个电子商务应用可以拆分为商品微服务、订单微服务、支付微服务等。每个微服务负责在线购物流程中的一部分业务功能。垂直拆分是按照系统的不同层次或者不同方面进行拆分。例如,物联网管理中台可以拆分为设备管理微服务、数据中台管理微服务、连接管理微服务等。

2. 服务通信

服务之间的通信是实现应用中不同微服务高效连接的纽带。常见的微服务通信方式包括：远程过程调用（RPC）、消息队列和事件驱动。远程过程调用是一种通过网络在不同的微服务之间进行通信的方式。它通过定义接口和方法，使得一个微服务可以调用另一个微服务的方法，就像调用本地方法一样。消息队列是通过发送和接收消息来实现微服务之间异步通信。事件驱动是通过发布和订阅事件来实现微服务之间通信。

3. 服务注册

服务注册是指服务实例将自己的信息注册到注册中心，以便其他服务能够发现和调用。服务注册可通过两种方式实现，即客户端注册和代理注册。客户端注册是服务实例自己负责注册与注销的工作。当服务启动后，注册线程向注册中心注册；当服务下线时，注销自己。代理注册由一个单独的代理服务负责注册与注销。当服务实例启动后，以某种方式通知代理服务，然后代理服务负责向注册中心发起注册工作。

4. 服务发现

服务发现是通过注册中心查找特定服务实例的信息，以便进行通信和调用。服务发现也分为客户端发现和代理发现。客户端发现是指客户端向注册中心查询可用服务地址，获取到所有的可用实例地址列表后，客户端根据负载均衡算法选择一个实例发起请求调用。代理发现是指由一个路由服务负责获取可用的服务实例列表。如果需要调用一个服务实例，可以直接将请求发往路由服务。路由服务根据配置好的负载均衡算法从可用的服务实例列表中选择一个实例将请求转发过去。如果发现该服务实例不可用，路由服务还可以自行重试。

5. 数据管理

基于微服务的应用开发中，数据管理需要考虑服务之间的数据共享、数据一致性、数据安全等问题。由于微服务架构的分布式特性，传统的单体应用数据管理方式不再适用。因此，需要采用一些特定的数据管理策略来确保数据的一致性、可用性和可扩展性。常见的微服务数据管理策略包括独立数据库、共享数据库和 SAGA 模式。独立数据库即每个服务实例都有自己的数据库实例。共享数据库即多个微服务实例共享一个数据库实例。SAGA 模式通过使用异步消息来协调一系列本地事务，从而维护多个服务之间的数据一致性。

6. 服务熔断

服务熔断是指当应用中某个服务不可用或响应超时时，则暂定对该服务的调用，从而避免整个系统崩溃。服务熔断和保险丝的作用类似,达到牺牲"小我"(单个服务)、成全"大我"(整个应用)的效果。当然,发生服务熔断后,整个应用的部分功能也会丧失,即服务降级。根据出现服务熔断的原因,服务降级可以分为:超时降级、失败次数降级、故障降级和限流降级等。

5.5.3 基于低代码的应用开发

低代码开发指只需用很少甚至几乎不需要代码就可以快速开发出系统,并可以将其快速配置和部署。低代码开发平台则是基于可视化和模型驱动的理念,可以让开发人员使用图形界面和拖放功能来创建应用程序,而无需编写代码。这种新兴的开发技术极大地提高了开发效率,减少开发成本,并帮助企业快速迭代应用程序。低代码开发平台具备以下三项核心能力。

1. 全栈可视化编程

可视化包含两层含义,一个是编辑时支持的点选、拖拽和配置操作;另一个是编辑完成后所见即所得的预览效果。低代码更强调全栈、端到端的可视化编程,覆盖一个完整应用开发所涉及的各个技术层面,包括界面、数据、逻辑等。

2. 全生命周期管理

作为一站式的应用开发平台,低代码支持应用的完整生命周期管理,即从设计阶段开始,有些平台还支持更前置的项目与需求管理,历经开发、构建、测试和部署,一直到上线后的各种运维(如监控报警、应用上下线)和运营(如数据报表、用户反馈)。

3. 低代码扩展能力

平台需要支持在必要时通过少量的代码对应用各层次进行灵活扩展,如添加自定义组件、修改主题 CSS 样式、定制逻辑流动作等,用于可能的需求场景包括 UI 样式定制、遗留代码复用、专用的加密算法、非标系统集成。

低代码开发平台中的自动生成代码的工具通常被称为代码生成器或模板引擎。其原理是通过模板和代码片段来生成应用程序的代码,而不是手动编写所有的代码。

代码生成器的工作原理可以简单地概括为以下几步。

(1) 定义模板

开发人员定义一些模板,包括代码片段、逻辑和结构。

(2) 填充数据

开发人员输入数据,如表单字段、数据库表结构等,作为填充模板的数据源。

（3）生成代码

代码生成器将数据与模板结合，生成应用程序的代码，如 Java 代码、HTML 页面或数据库脚本等。

低代码开发平台的优点在于，开发人员可以快速创建和部署应用程序，而无须编写大量的代码。此外，开发人员可以使用可视化工具，减少开发时间和成本，并且可以快速迭代应用程序。

低代码开发平台也有一些缺点。由于它们使用可视化工具，因此不太适合复杂的应用程序。其由于使用的是组件化的方式，灵活性和定制性不如传统开发方式。低代码开发还需要依赖于开发平台的可靠性和安全性，因此平台的选择和评估也变得十分重要。此外，它们也可能会导致缺乏灵活性，因为开发人员可能无法自由地定制应用程序。

本章小结

平台层是天空地一体化物联网的"大脑"，既为各类数据存储和处理提供基础硬件支撑，也为传感器管理、网络连接管理和应用开发提供工具保障。本章首先介绍了天空地一体化物联网中平台层的主要功能。其次，针对平台层的主要功能，阐述了平台层的架构组成。最后，对平台层三大核心模块进行了详细介绍，包含基础运行环境、物联网管理中台和应用开发平台。在基础运行环境部分，介绍了云计算平台和边缘计算平台架构、优势和关键技术等内容，以及如何实现云边协同计算，云计算平台的主要功能是为用户提供 IaaS、PaaS、SaaS 等服务，边缘计算靠近物或数据源头的一侧，为用户提供低时延高安全性的便捷计算，云边协同计算结合两种计算模式的特点，为用户提供不同级别的计算服务。在物联网管理中台部分，分别从传感器管理、数据中台管理、连接管理三个方面进行了阐述，三方面相互交叉，共同协作。在应用开发平台部分，本章介绍了单一技术应用开发平台、集成开发环境、云计算微服务平台、低代码/无代码平台四个应用开发技术的发展历程，而后重点介绍了基于微服务的应用开发和基于低代码的应用开发模式。

参考文献

[1] PATIDAR S, RANE D, JAIN P. A survey Paper cloud computing[C]//2012 Second International Conference on Advanced Computing & Communication

Technologines, 2012.

[2] YU W, LIANG F, HE X F, et al. A survey on the edge computing for the Internet of Things [J]. IEEE Access, 2018, 6: 6900-6919.

[3] DI MARTINO M, PODDA M, RAPTIS D, et al. The influence of socioeconomic inequity and guidelines compliance on clinical outcomes of patients with acute biliary pancreatitis. An international multicentric cohort study [J]. HPB, 2024, 26(8): 1022-1032.

[4] WANG T Y. Application of edge computing in 5g communications [J]. IOP Conference Series: Materials Science and Engineering, 2020, 740(1): 012130.

[5] 彭锋,宋文欣,孙浩峰. 云原生数据中台:架构、方法论与实践 [M]. 北京:机械工业出版社,2021.

[6] 何博宇,潘洪志. 大数据环境下位置轨迹安全存储系统研究与实现 [J]. 电脑知识与技术,2024,20(10):77-80.

[7] Edge computing Consortium and Alliance of Industrial Internet: White Paper on Edge Computing and Cloud Computing Collaboration [EB/OL]. http://www.ecconsortium.org/Uploads/file20190221/1550718911180625, pdf.

[8] 郭建立. 物联网服务平台技术 [M]. 北京:电子工业出版社,2021.

[9] 张学记. 物联网顶层设计与关键技术 [M]. 北京:电子工业出版社,2021.

[10] XU Y H, XIONG C Y. Research on big data technology and application in Internet Era [C]//2020 International Conference on Big Data, Artificial Intelligence and Internet of Things Engineering (ICBAIE). Fuzhou: Institute of Electrical and Electronics Engineers, 2020:122-124.

[11] SATRYOKO A, RUNTURAMBI A J S. Method using IOT low earth orbit satellite to monitor forest temperature in Indonesia [C]//2020 7th International Conference on Electrical Engineering, Computer Sciences and Informatics (EECSI). Yogyakarta, 2020: 240-243.

[12] SCRIVANI R, GONCALVES R R V, ROMANI L A S, et al. An approach based on satellite image time series mining to identify region susceptible to desertification [C]//2014 IEEE Geoscience and Remote Sensing Symposium. Quebec City, 2014: 847-850.

[13] ZERROUKI Y, HARROU F, ZERROUKI N, et al. Desertification detection using an improved variational autoencoder-based approach through ETM-landsat

satellite data [J]. IEEE Journal of Selected Topics in Applied Earth Observations and Remote Sensing, 2021, 14: 202-213.

[14] AINIWAER M, DING J L, KASIM N. Deep learning-based rapid recognition of oasis-desert ecotone plant communities using UAV low-altitude remote-sensing data [J]. Environmental Earth Sciences, 2020, 79(10): 216.

[15] BASHIR M R, GILL A Q. Towards an IoT big data analytics framework: Smart buildings systems [C]//2016 IEEE 18th International Conference on High Performance Computing and Communications; IEEE 14th International Conference on Smart City; IEEE 2nd International Conference on Data Science and Systems (HPCC/SmartCity/DSS). Sydney, 2016: 1325-1332.

[16] ZHANG L, DABIPI I K, BROWN W L. Internet of Things Applications for Agriculture[M]. New York: John Wiley & Sons, 2018.

[17] WANG S G, LI Q, XU M W, et al. Tiansuan constellation: An open research platform [C]//2021 IEEE International Conference on Edge Computing (EDGE). Chicago, 2021: 94-101.

第6章
天空地一体化物联网安全

6.1 概 述

物联网安全技术是信息安全理论和技术在物联网行业的延伸和应用。由于物联网系统在很多场合都需要无线传输,这种暴露在公开场所中的信号很容易被窃取和干扰,将直接影响到物联网系统的安全。

天空地一体化物联网构筑在互联网的基石之上,是互联网框架的扩展和技术的延伸,其面临的攻击模式和方式等也都与互联网类似,经典的互联网安全原理同样适用于天空地一体化物联网[1]。此外,相较于传统互联网,天空地一体化物联网海量终端频繁地切换与接入操作、暴露在公开场所的信息等更容易受到攻击、窃取或干扰,直接影响物联网系统的安全。首先,天空地一体化物联网需要兼容多种设备并为不同的组网技术和服务需求提供支持,相关安全问题的研究还受到部署规模大、设备异构性和协议多样性等特点的制约和影响;其次,卫星具有广播性质,窃听和主动入侵对通过卫星链路传送的敏感数据的威胁性大大增加;最后,卫星信道的长时延和高误码率也会使安全性同步的效率降低[2]。

为了确保天空地一体化物联网系统的安全,必须建立针对性的安全防护系统,以保障用户数据、终端设备、平台和应用程序的安全。在这一过程中,需要从感知层、网络层、平台层和应用层的角度深入分析每个层面所面临的安全风险,并综合考虑不同层面的安全防护技术。对于感知层来说,需要确保传感器节点的安全可靠性,防止数据被篡改或伪造。在网络层,需要加强网络通信的加密和认证机制,防止数据在传输过程中被窃取。平台层则需要建立健壮的安全管理系统,保护物联网平台免受恶意攻击。最后,在应用层,应该采用多层次的安全策略,以保障应用程序和用户数据的安全性和完整性。

本章分别从天空地一体化物联网架构中的感知层、网络层、平台层和应用层角度,分析各层所面临的安全风险,并总结相应的安全防护技术。

6.2 安全风险分析

6.2.1 感知层安全风险分析

天空地一体化物联网的感知层安全风险主要来自感知节点。这些感知节点主要用于采集外界感知信息,并通过同构或者异构的网络完成数据传输。大部分感知节点部署于开放的环境中,还有少部分的感知节点部署在人迹罕至或者自然条件恶劣的环境中,因此,难以对这些终端节点进行实时监管与维护。针对天空地一体化物联网感知节点的特点,攻击者有可能采用物理破坏、恶意代码注入、重放攻击、终端伪造或假冒攻击和侧信道攻击等方法对感知节点进行攻击,或者捕获感知节点中的数据并篡改,使感知节点无法正常获取数据或者传输被篡改的错误数据。此外,宇宙辐射和空间碎片对近地轨道通信卫星所造成的安全威胁以及卫星被劫持的风险也在日益增多。表 6-1 中列出了天空地一体化物联网感知层中的主要安全威胁。

表 6-1 感知层面临的主要安全风险

安全风险	具体问题和描述
物理及逆向工程攻击	物理破坏节点;逆向工程获取节点内的存储信息
能量耗尽攻击	使终端设备一直处于工作状态
终端伪造或假冒攻击	伪造终端;非法操作终端或恶意攻击其他节点或网关
恶意代码攻击	向终端设备的程序中注入恶意代码来控制设备并窃取隐私信息
硬件木马攻击	在集成电路设计或制造过程中对原始电路进行修改
侧信道攻击	攻击者利用无意的物理泄露并开展密钥分析
宇宙辐射和空间碎片引起的安全风险	宇宙辐射会严重影响近地轨道卫星上的电子设备的工作状态;废弃的航天器形成的空间碎片会严重威胁近地轨道卫星的运行
卫星被劫持的安全风险	黑客通过安装复杂的高功率天线来瞄准并劫持一颗卫星

6.2.2 网络层安全风险分析

网络层安全风险分析对于保障天空地一体化物联网安全至关重要,通过对网络层中的各种协议、设备、安全机制进行全面的评估,以发现其中存在的漏洞和弱点,并采取相应的安全措施,从而有效地避免网络安全事故的发生。以下从通信协议的漏洞风险和卫星通信的安全风险两个方面进行阐述。

1. 通信协议的漏洞风险

物联网的数据通信多为无线通信,暴露在外的无线信号很容易被攻击者干扰、窃取,从而导致无线通信网络瘫痪、用户机密信息失窃、造假等严重后果。攻击者利用 Nmap 等网络探测工具进行网络扫描,收集网络内主机、子网、端口与协议及其他数据,目前针对物联网设备的扫描探测工具(如 IoTSeeker、IoTScanner 等),能对物联网设备相关信息进行探测。由于目前市场上的大部分物联网设备使用的无线通信协议(如 ZigBee、LoRa 等)都有可能是无线侦察与探测的攻击对象,所以如何抵御这类恶意攻击就成了目前物联网研究领域中的一项重要任务。

此外,各种通信协议的使用部署,给物联网安全带来不同的威胁。一方面,网络结构的多变造成的安全威胁。由于物联网随着节点的改变导致动态组网和网络结构的变化,各种各样新的网络通信协议不断涌现,新的网络协议可能存在漏洞,网络设备的升级与更新存在着形成新安全威胁的风险。同时,物联网中存在很多异构设备,这些设备之间通过通信进行数据交互,也增加了安全隐患。另一方面,各类网络融合造成的安全威胁。由于物联网中存在着异构性和分布性等特点,这些因素影响到整个网络安全系统的稳定性,物联网将各种支持 IP 协议网络进行整合,不同的网络采取的安全策略各不相同,在网络融合的进程中,产生了新的安全风险和隐患。

本小节主要讨论的网络协议重点涉及 MQTT(Message Queuing Telemetry Transport)、AMQP(Advanced Message Queuing Protocol)、CoAP(Constrained Application Protocol)物联网协议,还有一些卫星通信协议,如 DVB-S(Digital Video Broadcasting-Satellite)和 TDMA(Time Division Multiple Access)等,它们的安全机制及其局限性见表 6-2。

表 6-2　通信传输协议的安全机制及其局限性

序号	无线通信协议	安全机制	局限性
1	MQTT	在传输层利用 TLS 加密,防止了中间人攻击(Man-In-The-Middle Attack);在应用层提供用户名密码和客户标识	需要使用 TLS/SSL 等加密协议来保证通信的安全性;消息传输是无序的,不能保证顺序性
2	AMQP	AMQP 利用 SASL 方法来选择安全性,而无须更改协议广播任何消息之前,它将与用户进行身份验证	缺点是失去了对消息控制的灵活性,如根据机器的性能决定一次消费多少消息
3	CoAP	CoAP 中的安全机制基于 DTLS,可以使用预共享密钥、证书和 TLS-PSK 等方式进行身份验证	DTLS 本身存在缺陷,如 DROWN 攻击和 Heartbleed 漏洞等
4	CCSDS	主要通过 SDLP 协议数据的加密和完整性校验、数据链路的认证和加密等方式,确保了航天通信的机密性、完整性和可靠性	对于一些高级的攻击和威胁,如零日漏洞攻击和物理攻击等,可能无法提供足够的保护
5	DVB-S	访问控制是通过 CA 系统实现的,限制只有经过授权的用户才能接收,并且对传输的内容进行了加密解密	加密算法可能会被攻击者攻破;访问控制的安全性也可能受到攻击者的攻击和绕过
6	TDMA	主要包括数据加密和访问控制,采用公钥加密或对称加密算法来实现。访问控制可以限制只有经过授权的用户才能接入无线通信系统	受无线信道本身的局限性,如无线信号的干扰和噪声等因素可能导致数据传输中的错误和丢失

2. 卫星通信的安全风险

针对卫星通信的安全攻击,本小节重点介绍 GNSS 欺骗、卫星网络干扰、卫星窃听等攻击手段。

1) GNSS 欺骗攻击

GNSS 民用信号在格式、调制等方面具有开放性。GNSS 欺骗攻击使操作人员相信导航设备能够准确地反映坐标,但攻击者却欺骗设备显示虚假数据。具体攻击方式有:设计特殊的错误 GNSS 信号向 GNSS 接收机广播,且错误的 GNSS 信号经过设计后相似于正常信号;从其他时间、其他地点截获真实信号并转发给 GNSS 接收机,GNSS 接收机由于获得错误的时间、地点的信号,会计算出一个错误的位置或错误的时间。2011 年,针对美国 RQ-170 哨兵(Sentinel)无人侦察机,伊朗特工利用 GPS 的欺骗信号,使无人机毫发无损地降落在伊朗领土。

2) 卫星网络干扰攻击

卫星网络的干扰攻击以卫星网络地面为主,干扰攻击导致卫星网络出现时间延迟,用户无法在正常时间接收到发送的报文。以下将从干扰信号类型进行阐述。

由于低地球轨道卫星（LEO，简称低轨卫星）与地球之间的无线链路长时间开放，对手有可能从不同的方位介入，因而给它们带来了污染，卫星干扰可以分为如图6-1所示的类型，包括天基干扰、空基干扰、地基干扰。天基干扰是指来自太空中的卫星、空间站或者其他空间载具发射的信号对地面或空中的通信系统造成的干扰。这种干扰可能是有意的，如军事卫星向敌方通信系统发送的信号干扰。这种干扰也可能是无意的，如卫星信号误入其他通信频段。空基干扰是指来自大气层空中的飞行器，如飞机、无人机等发射的信号对地面或空中通信系统造成的干扰。空基干扰的特点是移动性强，信号随着飞行器的移动而变化。这使得干扰的影响范围不断变化，对通信系统的干扰程度可能时而加剧、时而减轻。与天基干扰相比，空基干扰的功率通常更高。由于飞艇通常位于地面用户和低轨道卫星之间，它们可以在上行链路和下行链路传输期间干扰所需的通信。地基干扰是指来自地面发射源（如地面台站、基站等）发射的信号对周围的通信系统造成的干扰。地基干扰的特点是在地面范围内产生，干扰源相对容易定位。这使得针对地基干扰进行干扰源定位和控制更加可行。地基干扰可能会导致信号频谱混乱、通信信号被覆盖或者失真等问题，严重时可能会造成通信系统的瘫痪或无法正常工作。地面干扰通常具有阻断性质，直接阻断卫星应答器[18]。

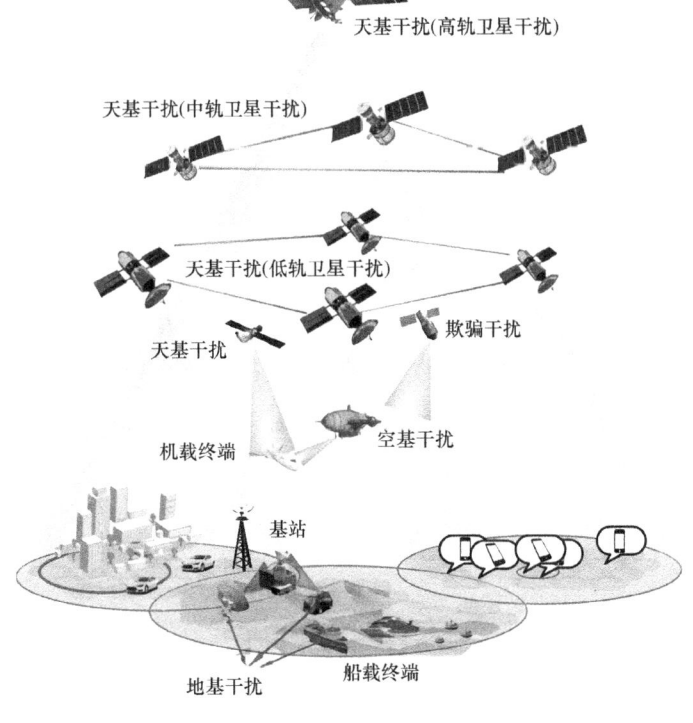

图6-1　卫星干扰

3)卫星窃听攻击

卫星窃听技术是指利用地面设备截取、监控、解码和分析卫星通信信号的技术手段,用于获取目标地区或目标个体的通信内容、位置信息等敏感信息。卫星窃听包括信息截取、信号监控、信号解码、信号分析和信号定位等过程。卫星窃听技术先需要截取卫星传输的通信信号,这可以通过在地面上设置接收设备来实现,这些设备通常是专门设计用于接收卫星信号的地面接收站,地面接收站可以使用定向天线来捕获特定卫星的信号,再将其送入接收设备进行处理;接收到的卫星信号会被送入监控设备进行实时监控,监控设备可能包括信号分析仪、频谱分析仪等,用于对接收到的信号进行频谱分析、解调和解码。这样可以实时监测通信信号的内容和特征;监控设备会尝试对接收到的信号进行解码,以获取其中的通信内容,这可能涉及对信号进行解调、解密等操作,以还原出原始的通信信息;解码后的通信内容会被送入信号分析系统进行分析,包括对通信内容进行语言识别、关键词提取、通信模式分析等,以获取对情报或目标的有用信息[19]。

6.2.3 平台层安全风险分析

平台层的安全风险主要来自数据泄露、篡改,非法利用,非法访问,网络攻击和软件漏洞等带来的风险。

1. 数据泄露、篡改和非法利用

平台层本质上是多服务器的集合,有可能会遭受各种安全威胁,如跨站脚本攻击(Cross Site Scripting,XSS)、系统漏洞攻击和木马网页、内部用户的越权访问等,这些安全威胁都可能给平台层带来数据泄露、篡改和非法利用等安全风险。数据泄露是指未经授权的第三方获取到物联网平台中的敏感信息,由于缺乏足够的加密措施、系统漏洞、不当的数据管理,攻击者可以利用中间人攻击、未授权访问、SQL注入等方式窃取数据。数据篡改是指攻击者修改传输过程中的数据或篡改存储在平台中的数据,以达到欺骗、操控或破坏的目的,主要的攻击方式包括重放攻击、伪造数据包和路由攻击等;非法利用是指攻击者获取数据后,用于非法目的,如身份冒充、金融诈骗、隐私侵犯等,利用物联网设备参与DDoS攻击,或者操纵智能设备执行非法活动。

2. 非法访问

用户为了从平台上得到相应的服务,须先在平台上注册专属账户,登录账户后才可以获取相应的服务。只要用户和平台系统采用登录操作,就会存在着用户身份合法性的安全风险,非法访问云平台可能导致用户信息泄露、系统数据篡改、木马程序植入等安全风险。攻击者可能利用漏洞获取权限，造成云上资源的损害和窃取，甚至伪装成系统管理人员进行攻击。主要的非法访问手段有弱口令与默认凭据、通过未打补丁的漏洞、API滥用或钓鱼邮件植入恶意软件。

3. 网络攻击

攻击者经常利用我国云平台发起网络攻击并作为攻击跳板对外植入后门链接进行攻击，此类攻击数量占境内攻击跳板对外植入后门链接攻击数量的79.3%。传统安全技术中的防火墙技术、被动入侵检测和病毒检测等防护措施较为滞后，很难应对在人工智能时代所产生的基于未知漏洞和后门的安全威胁。网络攻击者利用技术手段非法侵入物联网云平台，旨在窃取数据、操控设备或发起更大规模的攻击。例如：攻击者通过控制大量物联网设备组成僵尸网络，向云平台发起洪水般的请求，造成服务瘫痪；物联网云平台开放的API接口若缺乏严格的访问控制和验证机制，容易成为攻击入口，允许未经授权的访问和操作。

4. 平台软件漏洞

云平台基于现有的软硬件技术进行搭建，因此也聚集了各软硬件的固有漏洞，这些漏洞或者后门都可能会影响平台层的安全运行。云平台安全防护技术大都采用被动式防御，被动式防御技术需要经常找寻系统的漏洞并进行修补，很难对新技术引起的安全漏洞和威胁进行有效的防护。恶意攻击者可以利用云平台中的软件漏洞远程入侵系统，获取未经授权的访问权限。这种远程攻击可能导致数据泄露、系统瘫痪等严重后果。某些软件漏洞可能被攻击者用于发动拒绝服务（DoS）攻击，通过消耗系统资源或使关键服务不可用来干扰平台的正常运行。这种攻击可能导致服务中断，影响用户体验和业务连续性。此外，攻击者也可能渗透物联网设备制造商或软件供应商，植入恶意代码或后门，在设备部署时就已潜伏于云平台内，长期隐蔽行动。

6.2.4 应用层安全风险分析

应用层协议直接服务于网络应用，为其提供所需支持。由于各应用的实现方式存在显著差异，因此在安全性方面存在根本性问题。不同来源的威胁对应用层的安全构成了重大挑战和风险。这些威胁包括各种应用和软件的零日漏洞、恶意木马病毒、钓鱼邮件等。以下将从漏洞风险、恶意代码风险、面向人工智能检测的对抗样本生成风险分别阐述。

1. 漏洞风险

应用层有大量的服务和软件,这些服务和软件上存在的漏洞随时可能被黑客所利用,应用层无时无刻不在面临着漏洞风险。

1)漏洞发现滞后

应用层从丰富的应用程序中获取用户所需的服务,因此应用程序漏洞的威胁对应用层产生了很大的影响。已公开发布的漏洞中,许多与智能家居设备相关,甚至包括应用程序漏洞。例如,Vladislav Yarmak 于 2020 年 4 月在技术博客平台 Habr[3]发表了一篇后门程序的漏洞分析,主要对华为海思芯片的后门程序的漏洞详情进行了说明。在含有固件 HI3518C_50H10L 的雄迈摄像头中,攻击者利用 dvrHelper 进程漏洞实现了对雄迈摄像头的远程控制,导致这一攻击实现的最主要原因是提供的实时流传输协议 RTSP(Real Time Streaming Protocol)服务和名为 ipc_server 的 Web 服务主程序存在问题,通过分析发现 ipc_server 中存在多个登录问题,甚至存在绕过缓冲区溢出的漏洞。

2)应用程序漏洞利用

应用程序漏洞利用风险指的是由于应用程序中存在漏洞或安全漏洞,导致恶意攻击者可以利用这些漏洞来对应用程序进行攻击或非法访问,从而对系统安全造成威胁和风险。验证漏洞通常使用 POC(Proof of Concept)来引发测试模式,即通过构造激活漏洞的示例样本来验证漏洞的存在性及危害程度;同时,使用 EXP(Exploit)则是利用漏洞来对应用进行攻击,可能导致信息泄露、远程代码执行、拒绝服务、身份验证绕过等风险。

①应用程序漏洞利用可能导致信息泄露。当黑客成功利用应用程序漏洞时,他们可能能够获取系统中的敏感信息,如用户个人数据、财务信息或商业机密。这种情况可能严重损害用户隐私,引起信任危机,并进一步导致金融损失和法律责任。②应用程序漏洞还可能导致远程代码执行,这意味着攻击者可以在远程位置执行恶意代码,从而获取系统权限并进一步入侵系统。这种情况可能导致攻击者完全控制受影响系统,从而进一步滥用权限、窃取数据或对其他系统发起攻击。③应用程序漏洞也可能导致拒绝服务攻击,即使攻击者无法获取系统权限,他们仍可以利用应用程序漏洞使系统不可用,从而影响正常的业务流程。这种情况可能导致业务中断、服务不稳定,甚至导致企业声誉受损。④身份验证绕过也是应用程序漏洞利用的一个常见风险。某些漏洞可能允许攻击者绕过身份验证机制,从而获取未经授权的访问权限。这可能导致黑客进一步深入系统,访问敏感数据或执行其他恶意活动。应用程序漏洞还可能被利用来进行网络钓鱼和社会工程攻击。黑客可以利用应用程序漏洞来欺骗用户,诱使他们泄露敏感信息,如登录凭证或个人数据,或者诱使他们安装恶意软件。这种方式可能导致进一步的系统入侵和数据泄露。

2. 恶意代码风险

恶意代码在总共执行的对象中主要分为破坏、远控和资源消耗这三大类,以下分别加以说明。①破坏类恶意代码是传统意义上计算机病毒的一种,以破坏计算机的系统文件、系统进程,甚至硬件等为目的的恶意程序,在天空地一体化物联网中,其主要存在形式是计算机网络病毒,计算机网络病毒是在网络上传播的病毒,该病毒除具有单机病毒全部特征外,同时也有很大隐蔽性,经常通过冒充照片、正常的可执行文件以及其他不同的载体来欺骗用户点击,在点击事件完成后,网络病毒将会很快感染计算机,因此计算机网络病毒的威胁性极大;②远控类恶意代码最典型的表现形式为木马,木马是具有远程控制、信息窃取、破坏等功能的恶意代码,属于恶意软件的范畴,攻击者可以利用远控木马遥控目标计算机,进入目标主机的文件系统进行信息采集,并使用目标主机,进一步发起攻击;③在数字货币的兴起背景下,挖矿活动的监管难以规范化,从而催生了挖矿木马,这类挖矿木马被称为资源消耗类恶意代码,挖矿木马不仅会严重消耗来自用户设备的资源和性能,而且会对用户设备的日常使用造成威胁,此外,挖矿木马还会导致硬件的损耗加大,给用户和社会带来极大的负面影响。

3. 对抗样本风险

目前在机器学习的基础上,以深度学习为代表的人工智能技术应用于安全检测防御对抗领域,取得了良好的效果。相应地,对抗样本(Adversarial Examples)也应运而生,它与生成对抗网络(GAN)有很大的区别:通过对输入样本中有意加入某些人们不能感知到的微小扰动,致使模型在高置信度下给出了不正确的结果。在人工智能技术的视角下,它们在提取特征上存在明显差异,从而导致错误分类检测模型参数。Deepfake技术是典型的对抗样本生成技术,可以用来制作有说服力图像及视听材料的人工智能技术。例如,俄乌战争中,乌克兰总统在推特上被利用Deepfake技术造假投降的录像和辟谣,通过这段Deepfake的视频,展开了一场舆论战,在认知域内进行对抗,瓦解敌人的士气,提升己方信心。

6.3 安全防护技术

天空地一体化物联网安全防护系统需要从用户终端设备安全、网络传输安全、服务和控制平台的安全以及应用软件的安全等多个方面对物联网的基础设施、数据和信息、应用程序和服务等进行全方位的安全防护。天空地一体化物联网中的主要安全风险和防护系统总体架构如图 6-2 所示,具体的风险分析和防护方法,将在后续的章节中详细论述。

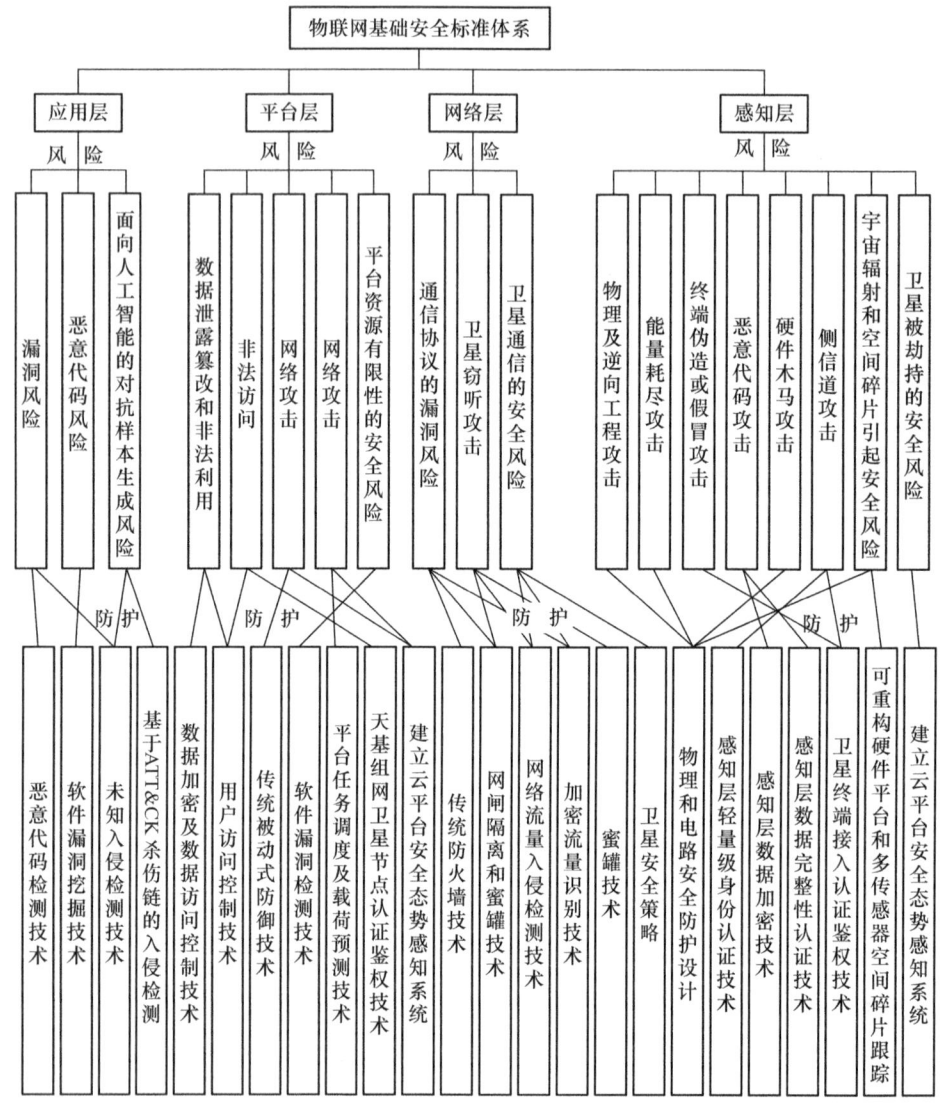

图 6-2 天空地一体化物联网的主要安全风险和防护总体架构

6.3.1 感知层安全防护技术

针对感知终端的资源有限,且无人值守环境,容易遭受外界攻击的问题,可以采用感知节点的物理和电路安全防护设计、轻量级身份认证技术、数据加密技术、数据完整性认证技术等进行安全防护。同时将面向硬件木马攻击、侧信道攻击以及宇宙辐射与空间碎片进行防护。

1. 物理和电路安全防护设计

天空地一体化物联网的用户终端应具备接受不同边缘网络接口的安全认证和授权能力。同时需要采用一定的物理和电路安全防护设计来对设备的接口和芯片进行防护,使得攻击者很难对节点进行破坏,或者在非法获得硬件设备后也很难窃取其中的数据。例如,可以采用具有可信执行环境安全内核的芯片对高价值用户终端内部的存储器和基带电路提供安全保护[4],实现设备的安全启动、运行权限甄别、数据的安全存储等功能,确保芯片内的系统软件程序、终端参数、配置文件数据、用户数据等不被篡改、非法获取或使用,也可以采用特殊设计的保护电路来防范逆向工程,使得攻击者的逆向工程变得困难甚至不能实施[5],或采用防逆向工程装置来对电路进行保护[6]等方法来进行保护。

2. 轻量级身份认证技术

天空地一体化物联网感知层通常采用轻量级的接入认证机制,在确保终端设备低资源消耗的同时来对用户进行甄别,阻止非法用户使用甚至破坏网络资源;同时,用户的终端设备也需要对将要接入的网络进行安全认证,以防被恶意网络利用。目前采用的轻量级身份认证技术有基于密码进行身份认证、基于 MAC 地址进行身份认证和基于令牌的身份认证[7-8]。

3. 数据加密技术

基于密码算法的信息加密功能和签名机制可以有效地保证数据的安全性。鉴于感知节点的特点,不宜在感知层中采用特别复杂的加密算法,可以采用的加密技术有对称密钥加密技术和非对称密钥加密技术等。

天基网络节点之间的传输适合采用对称密钥加密技术,且应避免采用公开密钥加密技术;天基网络节点的抵近攻击非常困难,天基网络通信实体间预设的共享密钥实现起来相对容易,因此基于预设共享密钥的方式实现密钥管理是最佳、最安全且最高效的选择。在密钥更新时,卫星网络节点和地面控制中心之间需要进行多次交互。如果采用公开密钥加密技术,则需要卫星网络节点和地面控制中心与认证机构之间进行信息交互,通信开销会比较大,因此公开密钥加密技术不适用于网络资源受限、链路时延大、断续连通的天空地一体化物联网实体认证应用。

4. 数据完整性认证技术

感知层数据传输通常采用无线技术,旨在确保数据的完整性。数字水印技术是一种较好的轻量级完整性认证方法[9]。数字水印技术是一种结合了传统加密与信息隐藏的新型数据保护技术,通过将标识信息以透明或半透明的方式写入到载体数据中,为载体数据提供完整性和版权保护。数字水印技术能够不破坏原有信息载体数据且不易被察觉,且数字水印写入到载体数据后难以被去除,可以有效地为载体数据提供版权保护。因此,采用数字水印技术,将加密后的数字签名嵌入到感知数据内,可以为验证数据的完整性提供保障。数字水印系统的功能就是将一个水印嵌入到一个载体中,并且还能从载体中得到嵌入的信息,达到版权验证等目的。该系统由水印嵌入子系统和水印提取子系统组成,分别如图6-3、图6-4所示。

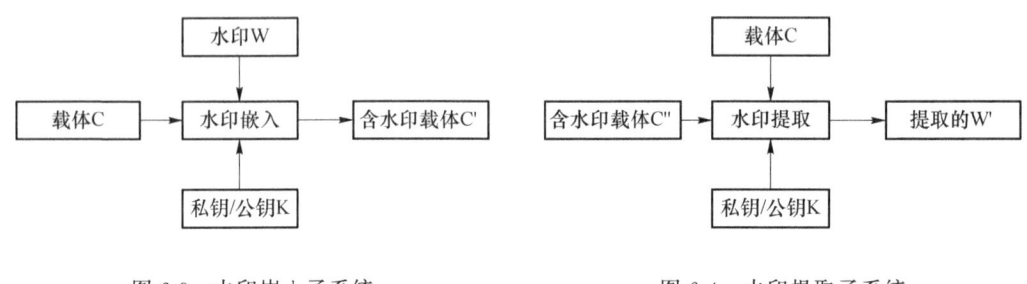

图6-3 水印嵌入子系统　　　　　　　图6-4 水印提取子系统

5. 硬件木马攻击及其防护

硬件木马攻击是指在集成芯片的原始电路中植入特定的电路,该电路可以使该芯片在某些特殊条件下或特定时间触发某些功能,从而泄露密钥等敏感信息。

破坏性检测和非破坏性检测是对硬件木马攻击检测的主要方法,以非破坏性检测方法为主。破坏性检测方法主要通过对芯片的剖析进而对芯片版图进行分析和验证。片上检测电路是在电路设计时加入木马实时检测功能,确保能够及时发现木马的存在并报警或者阻止芯片数据的泄露;电路模糊技术是通过屏蔽某些电路的信息来阻止木马程序通过分析电路而获知电路的节点信息,进而阻止木马电路的插入[10]。

硬件木马攻击的被动检测主要是通过对芯片进行逻辑测试、基于芯片功耗及电磁辐射的侧信道分析等手段来实现。芯片的逻辑测试主要是通过对芯片进行功能及故障测试时的逻辑结果来分析是否存在着硬件木马。侧信道分析技术主要是依据木马电路会引起芯片在功耗和电磁辐射方面会有异常变化来判定是否有硬件木马的存在。硬件木马检测技术分类如图6-5所示。

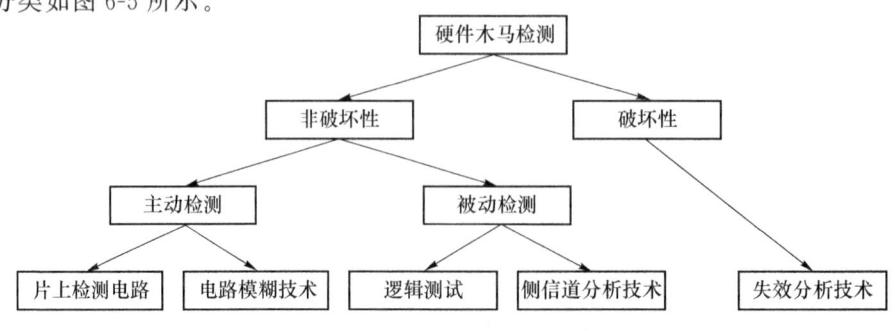

图6-5 硬件木马检测技术分类示意图

6. 侧信道攻击及其防护

在天空地一体化物联网中，某些终端节点采用密码芯片来保护密钥等机密信息。然而，密码芯片在工作时可能存在物理泄露的安全风险，其中一种可能性是电磁辐射导致的信息泄露。攻击者可以利用这些信息泄露来分析出相应的密钥，这种攻击方式被称为侧信道攻击。侧信道攻击利用了黑盒模型中未曾防范的物理信息泄露，以获取密钥相关信息。对于运行密码芯片的终端节点而言，侧信道攻击可能造成巨大的危害。一旦密钥被截获，将会给天空地一体化物联网带来重大的安全隐患，因为攻击者可能会利用这些密钥来入侵系统、窃取敏感信息或者篡改数据，从而对整个物联网系统造成严重损害。

当在实体设备中传输密码时，由于状态变换会产生时间、功耗、电磁、故障等形式的侧信道泄露；受物理设备平台计算资源和运行能力的约束，通常将密码密钥划分为比较小的子块，然后按照一定次序参加运算，攻击者在不同时间获取到使用这些子密钥块的侧信道泄露信息；这些侧信道泄露信息与明文、密文以及子密钥块之间存在一定的关联性，可使用有效的分析方法获得子密钥块值；在得到足够的子密钥块后，结合密钥扩展设计，可恢复完整的主密钥值。

在防御侧信道攻击方面，可以通过零泄露（根源上杜绝）、少量泄露（完善电子电路规划设计、添加噪声）、减少泄露与计算的关联性（增加掩码操作）、泄露不足以进行密钥恢复（分级防御）等措施增加防御能力。虽然目前针对各种密码旁路攻击已有许多防御对策被提出，也基本涵盖了各个抽象层次，但是当前依然没有任何一种防御措施或几种防御措施的组合能够被证明可以有效地抵抗所有密码侧信道攻击。未来侧信道攻击防御对策的可复合性及有效性研究是防御的重要研究方向。

7. 面向宇宙辐射和空间碎片的安全防护

针对宇宙辐射对低轨卫星上终端设备性能的影响，可采用抗辐射且可重构的硬件平台，能够通过依靠上行链路控制来减轻单粒子翻转的影响，从而改变现场可编程门阵列（FPGA）的硬件配置[11]；同时，对工业级器件的定期重新配置有可能降低该电路受到宇宙辐射而产生单粒子翻转的概率[12]；此外，通过将三模冗余（TMR）表决的容错处理器应用于读/写操作以及内存清理也是减轻宇宙辐射影响的有效手段[13]。

6.3.2　网络层安全防护技术

针对网络层存在的安全风险，分别从通信协议、数据安全和卫星安全等方面分析可行的安全防护技术。

1. 通信协议加密技术

目前,随着网络攻击日益频繁,为保障通信安全与隐私,应对各类窃听与中间人攻击等问题。主流的加密协议如 HTTPS 和 TLS/SSL 已逐步普及,大量网络流量得到加密保护。然而,攻击者不断寻找规避检测的方法,其中一种常见手段是利用 TLS/SSL 马甲,将恶意软件伪装成正常流量,绕过防御系统进行攻击。为了应对这一挑战,除了采用加密协议外,还需结合其他协议防护技术加固网络安全。表 6-3 为网络接口层、网络层、传输层和应用层具有代表性的加密协议。

表 6-3　代表性加密协议

协议层	加密协议
网络接口层	L2TP
网络层	IPsec
传输层	TLS/SSL
应用层	SSH、BitTorrent、Skype

在网络接口层,L2TP 提供了加密和隧道功能,通常用于建立安全的虚拟私人网络(VPN)连接。在网络层,IPsec 提供了数据完整性、认证和加密等安全功能,通过防火墙、入侵检测系统(IDS)和入侵防御系统(IPS)等技术来维护网络安全。在传输层,TLS/SSL 被广泛应用于建立安全的通信连接,数据包过滤和基于内容的安全策略等方法用于加强通信安全。在应用层,SSH、BitTorrent 和 Skype 等协议提供了加密通信的机制,同时采用安全认证等技术来确认通信方的身份。这些加密协议和协议防护技术的综合应用,有效地提升了网络通信的安全性,防范了各种网络攻击和威胁。

就 HTTPS 和 TLS/SSL 这两种加密协议而言,它们的工作原理主要是建立在加密通信的基础上。HTTPS 协议通过在 HTTP 之上加入 TLS/SSL 协议实现数据传输加密,其原理是通过公钥基础设施(PKI)来实现加密和认证。在通信开始时,客户端发送一个连接请求到服务器,服务器会将自己的公钥返回给客户端。客户端使用服务器的公钥来加密随机生成的对称密钥,并发送给服务器。服务器使用自己的私钥解密这个对称密钥。之后,客户端和服务器之间的通信都使用这个对称密钥来加密和解密数据,保证了通信的机密性。同时,服务器的数字证书能够验证服务器的身份,防止中间人攻击。HTTPS 协议还使用消息摘要算法来保护通信内容的完整性,防止数据在传输过程中被篡改。

而 TLS/SSL 协议的核心是握手过程,其中包括客户端和服务器之间的密钥协商和身份验证。在握手过程中,客户端和服务器之间交换证书,并使用非对称加密算法进行密钥交换,然后利用对称加密算法来保证通信的机密性。TLS/SSL 协议还提供了数字签名机制,用于验证证书的真实性和完整性,防止证书被篡改或伪造。

尽管 TLS 加密方式在认证过程中加密了绝大部分,但是仍然可以得到一些非加密内容数据,并用作训练数据,采用人工智能算法,对恶意流量的识别进行了加密,并对加密后的流量进行恶意特征提取,构建恶意特征数据集合,以训练/测试集的形式输入训练模型,进行参数调优,取得了理想的准确度。识别过程如图 6-6 所示。

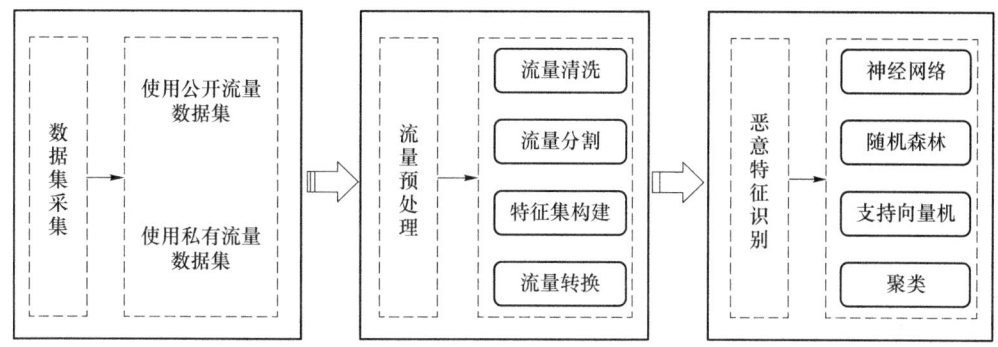

图 6-6 识别过程

2. 数据安全防御技术

数据安全防御技术主要分为防火墙、网络流量入侵检测技术、蜜罐技术和网闸技术 DDoS 防御技术等。

1) 防火墙

防火墙根据原理可分为状态检测包过滤、简单包过滤、应用代理包过滤和核检测防火墙。这些防火墙利用电子逻辑操作和集成电路进行信息识别,根据信号属性对网络信息进行过滤,已成为一种成熟、有效的网络安全保护措施。

2) 网络流量入侵检测技术

网络流量入侵检测技术旨在及时识别和分类恶意入侵流量,并通过报告提醒用户跟进,从而预防重大安全事故。传统的网络流量入侵检测系统利用机器学习方法检测异常流量,但需要大量存储和计算资源,且对设计的流量识别特征依赖较强。深度学习模型能够挖掘深层次的数据特征,具备较强的非线性拟合能力,适用于处理复杂数据。

3) 蜜罐技术

蜜罐技术通过部署对手可能进攻的目标引诱对手攻击,并对攻击进行分析,以获取攻击手段、攻击意图等有利于进行防御的信息[14]。引诱攻击是蜜罐技术的价值所在。然而,伴随着蜜罐技术兴起的反蜜罐技术使传统蜜罐失效。为了应对这一挑战,新型蜜罐技术不断发展,包括伪随机变换真实服务和蜜罐、拟态蜜罐、多重融合蜜罐以及面向特定需求的功能蜜罐。这些技术旨在增强蜜罐的欺骗能力,提高对抗反蜜罐技术的效果。

4) 网闸隔离

网闸隔离是为了定向传输数据而建立的网络隔离机制。通过模拟人工复制数据并建立物理路径,网闸确保数据在网络间传输时能够安全可靠地到达目的地。为了保障安全,网闸采用了分离应用的数据形式,以确保传输数据的安全性。网闸分为单向和双向两种类型。单向网闸实现了数据单向流动和数据保密性要求。双向网闸由内端机、外端机和隔离系统三个部分组成,用于实现内外网之间的网络物理隔离。

5) DDoS 防御技术

当攻击者发起 DDoS 攻击时,会首先对提供流量清洗服务的设备进行攻击。对来自攻击源的 IP 地址进行屏蔽,能够避免本地网络受到伤害。实时网络监控包括以下过程。

①在中继节点、雾节点或边缘节点上,利用检测算法对源头 IP 地址进行合法性判断,建立黑白名单等访问控制机制;②基于网络中的数据流量,以信息论为基础,利用大数据、数据挖掘等方法对网络进行监测;③在网关、路由器中建立映射表,根据表项判断当前网络是否受到 DDoS 攻击。为应对 DDoS 攻击,各种 DDoS 防御技术不断涌现。这些技术包括基于机器学习检测 DDoS 的方法、基于软件定义网络(SDN)的检测方法、边界网关协议(BGP)对 TCP 连接走向进行控制的新思路,以及融合主成分分析法与小波分析法的自适应 DDoS 检测方法等。这些技术不仅可以提高对 DDoS 攻击的检测准确率,还能够有效地减轻 DDoS 攻击带来的影响。

3. 卫星安全保护技术

通信系统是卫星系统中的关键,若发生了安全威胁问题,将会引起整个网络的瘫痪。针对卫星的安全防护技术有端信息跳变技术、移动目标防御技术、智能卫星深度学习取证框架等。

1) 端信息跳变技术

在端到端的数据传输中,端信息跳变技术使通信两方根据协议,伪随机改变端口、协议、IP 地址和其他终端信息,以实现主动网络防御。跳频策略的设计主要基于中间代理。中间代理是指在服务器和客户端之间添加的跳频代理上部署跳频策略,以隐藏提供服务的服务器。中间代理不需要将服务迁移到其他服务器,也不需要改变实际服务器使用的末端信息。

在系统中,通信双方的 IP 地址、端口、协议、服务时隙等端信息会进行跳变,从而导致敌人发起的 DDoS 等攻击难以形成有效破坏;针对截获攻击,由于采用了加密算法,同时有干扰机进行协同工作,致使敌人截获到的是端信息伪随机变化后的数据报文,难以解密成明文数据,从而保护系统的机密数据。

2）移动目标防御技术

移动目标防御技术（MTD）[15]是一项旨在通过动态或静态排列组合、变形、变换或混淆现有环境的技术，以转移攻击者的注意力和攻击路径。在当今不断进化的网络威胁环境中，传统的防御手段已经不再足够。攻击者不断寻找和利用系统的弱点和漏洞，因此采用一种不断变化的防御策略变得至关重要。MTD技术的核心理念在于不断变化，通过定期更改提供关键服务的操作系统的一部分，使得攻击者更难以利用特定操作系统的已知漏洞。这种定期变化的方式可以包括对系统进行补丁更新、配置变更、网络拓扑结构调整等，从而使攻击者难以跟踪和预测目标系统的状态和漏洞情况。它可以根据特定的时间表移动，而无须等待系统反馈。这种预定的移动可以根据网络流量、攻击趋势和系统负载等因素进行调整，以保持一种不断变化的防御姿态。

3）智能卫星深度学习取证框架

智能卫星深度学习取证框架的核心思想在于利用深度学习来处理和分析卫星网络中的网络流量数据。首先，该框架会在卫星本身或地面站上捕获网络通信，并将其转换为网络流。其次，通过消除有效载荷，保留描述流量的流标识符、统计特征和自定义特征等关键信息。最后，这些数据将被传送到一个经过训练的深度学习模型进行处理和分析，以区分正常的通信流和恶意的攻击流。这种智能卫星深度学习取证框架的优势在于其高度智能化和自适应性。深度学习模型可以通过不断学习和调整，不断提升其检测和识别恶意行为的能力。同时，智能卫星深度学习取证框架还可以根据不同的卫星网络环境和安全需求进行定制和优化，以适应不同场景下的网络攻击。

6.3.3 平台层安全防护技术

在云计算、数据挖掘和业务支撑等平台上存储了海量的天空地一体化物联网数据，这些数据的存在使得平台层成为很多网络攻击的首要目标，面临着来自地面互联网和天空地一体化物联网的分布式拒绝服务攻击等多种网络攻击；同时，平台自身的服务及运维程序中固有的漏洞也会使其面临着数据泄露、病毒和木马等安全风险。

1. 数据加密及数据访问控制技术

1）以传统密码学为基础的数据访问控制技术

传统的对称加密算法（如Data Encryption Standard、Advanced Encryption Standard等）和公钥加密（如RSA、Rabin）算法是较为经典的数据访问控制技术，一个对称密钥或一对非对称密钥只与一个密文相对应，用户需要使用解密密钥才能访问数据。加密密钥是在加密机制中生成的随机字符序列。它用于在加密过程中将明文转换为密文。数据管理者可以通过控制解密密钥的分发来实现不同用户对不同数据的访问。

2）以属性加密为基础的数据访问控制技术

在基于属性加密技术中,采用属性集合来标识用户身份的唯一性。同时,在属性集合中融入访问结构,使得公钥加密体制也可以具有细粒度访问控制的能力。将基于身份加密中的唯一标识符拓展为属性集合,不仅是用户身份标识的改变,而且通过属性集合与访问结构的高度融合,可以较容易地实现对密文和密钥的访问控制[16]。将访问结构引入密文和密钥中是基于属性加密方法的一大特征和优势。在密钥和密文中嵌入访问结构既可以保护密文,也能限制用户对密文的解密能力。

KP-ABE 是一种较为成熟的方法,在该方法中,数据分享者对数据的加密是基于一组属性的,通过一个由属性表达的访问策略给出数据使用者的用户密钥。只有在数据属性与访问策略相匹配时才能使用密钥去解开相应的密文,过程示意如图 6-7 所示。假定文档 1 存储在平台中并利用属性集{计算机、安全、英文}对其加密;文档 2 使用属性集{密码学、安全、中文}来进行加密,因此,可以对文档 2 的密文进行解密而无法解密文档 1。

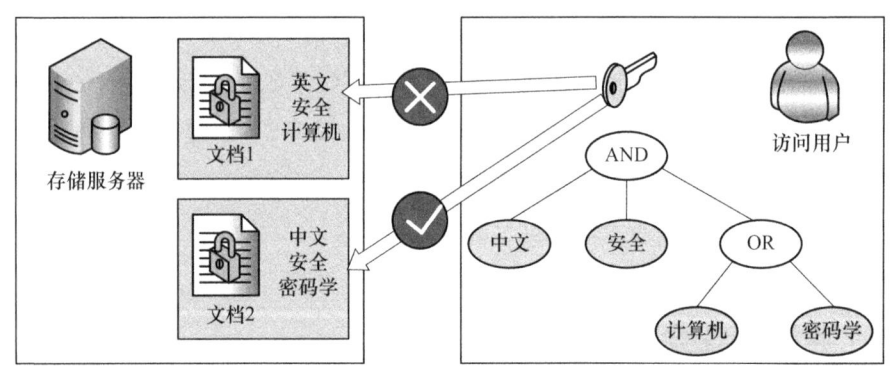

图 6-7　密钥策略属性基加密示例

2. 用户访问控制技术

用户访问控制技术的主要目的是防止非授权用户对敏感数据和系统资源的访问。主体、客体和策略是访问控制技术的三个组成部分。其中,主体可以是用户或其对应的设备。客体是被主体访问的对象,可以是文件、服务和数据等。图 6-8 描述了该技术的工作原理。

典型的用户访问控制技术主要有以下几种。

1）自主访问控制

自主访问控制(DAC)技术:主体可以自主地将访问权限转让给其他主体并且不需要

管理员的允许。DAC技术可以满足用户的自主性要求,但资源管理的权限集中于单个用户,对整个平台系统的安全不利;同时大量用户使用此技术时,其效率较低。

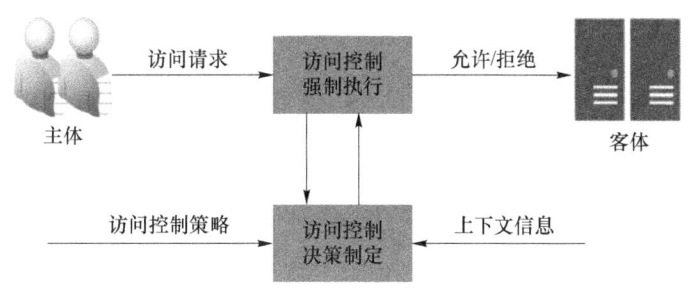

图6-8 用户访问控制技术的工作原理

2)强制访问控制

强制访问控制(Mandatory Access Control,MAC)技术依赖于中心平台或者服务器来指定并强制执行既定的访问规则,可以对多级访问控制提供支持。该技术需遵循"不能向下写入"和"不能向上读取"的原则,即主体只能访问安全级别比自身低的客体资源且不能向该客体写入信息。MAC技术常用于保密安全要求较高的系统中,其保密性好且可控性高。

3)基于任务的访问控制

基于任务的访问控制(Task-based Access Control,TBAC)技术主要是根据当前任务的工作状态来动态地调整访问用户的权限。TBAC方法是一种主动的访问控制方法,当前工作状态的变化会对用户的权限产生相应的影响,较适合于分布式系统。

4)基于属性的访问控制

基于属性的访问控制(Attribute-based Access Control,ABAC)技术主要是根据实体属性的不同而赋予用户不同的权限和访问控制规则。该技术是一种适用于开放环境的访问控制技术,其采用安全属性来定义授权,可以有效地保护用户身份等隐私信息,不同属性由不同属性权威定义和维护。该技术具有细粒度动态访问控制的能力且可以和其他访问控制方法相结合,灵活性较高。其具体架构如图6-9所示。

3. 被动式防御技术

被动式防御技术从威胁的检测、过滤、防护和病毒清除等多道防线对攻击进行安全防御。常见的技术方法有:入侵检测与安全扫描、防火墙、身份验证和物理保护等。

防火墙通过特定端口识别出危险信息并拦截,使危险信息不能进入用户计算机网络系统中,进而不让内部系统被外界垃圾干扰破坏。防火墙的另一种功能是在计算机受到外界威胁前进行报警和拦截。

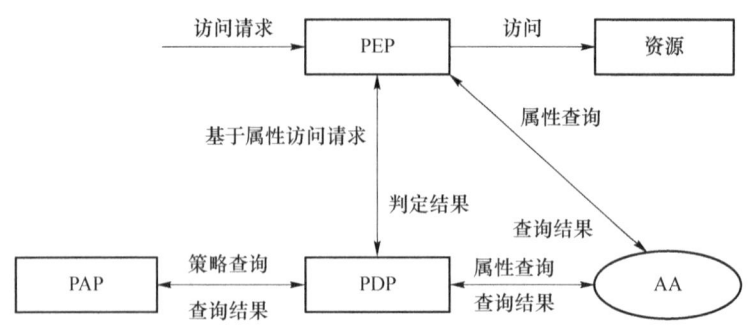

图 6-9 ABAC 技术的架构图

入侵检测技术旨在审查闯入系统的非法的不安全的信息,通过对行为、数据等方式。该种技术是用以快速准确地发现系统中的异常现象,以此来保护计算机网络系统的安全性。从技术角度来看,入侵检测技术可划分为两种。第一种是异常检测模型,异常检测模型是通过归纳日常操作行为的特点,将此种行为作为安全基准,当使用者的活动与该项基准差异严重时即被考虑为入侵行为,这种模型误报率高。第二种是误用检测模型,误用检测模型是通过归纳总结所有不可接受行为而建立的特征库,一旦发现用户活动与特征库内某些内容相匹配,则被视作是入侵行为,这种模型特征库库存有限,需要根据不断变换的特征库而不断更新。

4. 软件漏洞检测技术

软件漏洞检测技术是一项关键的安全措施,旨在发现并修复计算机程序中存在的漏洞和缺陷,以确保程序的稳定性和安全性。由于软件中可能存在特定的缺陷或漏洞,云平台基于现有的软硬件技术进行搭建,因此也聚集了软件的固有缺陷和漏洞,这些问题可能导致程序在运行时产生意外行为,甚至导致系统崩溃或安全漏洞。安全漏洞检测主要包括以下三种技术。

1)软件测试技术

目前采用最多的安全漏洞检测技术,主要目的是对软件进行功能性、可靠性和安全性方面的测试。这些测试旨在验证软件是否能够如预期般实现功能,是否在规定的软件环境中可靠运行,并检查程序是否存在潜在的安全漏洞。通过软件测试,可以及时发现潜在的漏洞,并进一步验证这些漏洞是否可能被恶意程序利用,从而引发安全性问题。

2)程序分析技术

对程序进行分析,包含静态和动态两个方面。对程序的语法或语义进行分析的方法称为静态方法,该方法不执行代码,主要是分析程序的源代码以确保其不出现语法或语义方面的错误;程序的动态分析则是通过分析待测程序在执行过程中产生的动态信息来判断分析该程序在时空性能方面所展现的性质。

3）符号执行技术

符号执行技术的核心在于通过描述程序的执行路径和相关的状态变化来表示程序的语义，并揭示程序的内部结构。这种方法不依赖于具体的输入数据，而是以符号化的方式来模拟程序的执行过程。通过对程序的符号执行，可以生成程序的执行路径约束，并通过求解这些约束来发现程序中可能存在的漏洞或错误。

5. 平台任务调度及载荷预测技术

任务调度是云平台层的重要任务之一，它直接影响着整个平台的稳定性和效率。一个良好的任务调度系统能够有效地分配资源，提高系统的利用率和性能，从而满足用户的需求并确保平台的正常运行。常用的任务调度方法有以下几种。

1）轮询调度

轮询调度算法首先在队列中放入若干很快要被处理的任务，其次按任务位置分配资源并限制该任务占用资源的时间。在预设的时间段内没有执行完毕的任务将会被暂停并保存其执行信息，把该任务重新插入到任务队列中。

2）最短工作优先（Shortest Job First，SJF）

系统在实际运行时，短时间运行的任务的数量占比更大。因此，为了提高系统整体的运行效率，可以优先执行运行时间短的任务，而将需要执行较长时间的任务的优先级别设置为较低。

3）自适应实时调度

自适应实时调度算法将人工智能、自适应控制和调度算法相结合，基于控制理论来建立系统的实时调度算法。在天空地一体化物联网平台系统任务动态变化过程中，通过观测调度信息并结合实时调度规则，对相关的调度参数进行动态调整。

为了避免平台资源有限性带来的安全风险，可以通过对平台工作载荷提前预测并采取相应措施的方法来解决。

（1）基于统计的方法来进行平台工作载荷的预测以确保云平台的性能安全。该方法是平台工作载荷预测的传统方法，其通过保证平台资源分配的公平性来提高工作载荷预测的准确性。与其他方法相比，基于统计的方法较为简单并且计算复杂度低。

（2）基于自适应模式进行平台工作负载的预测。目前，随着深度学习的日益发展，可以采用深度神经网络模型来解决工作负载的预测问题。平台层利用高稀疏的自动编码器来减少高维工作负载的维数，从而实现对工作负载变化较快情况的准确预测。在长期预测方面，基于深度学习的方法可以实现较好的准确度并且无须手动提取工作负载的特征。

6. 星间认证鉴权技术

天空地一体化物联网会同时利用 GEO 和 LEO 卫星网络节点进行组网[17]。GEO 卫星网络节点部署在地球同步轨道上,由于位置相对固定,其网络结构较为稳定。而 LEO 卫星网络节点则组成同一轨道面上的星间网络,其拓扑结构也较为稳定。对于这种结构稳定的天基网络,星间网络节点的组网认证过程相对简单。然而,LEO 卫星网络节点的运行速度快、公转周期短,相邻轨道面间的通信链路难以长期维持,且 GEO 卫星网络节点无法完全覆盖极地区域。当 LEO 卫星经过极点时,与 GEO 卫星节点间的通信链路会出现短暂中断,导致星间认证鉴权过程变得复杂。为提高认证效率,卫星网络节点之间组网的实体认证鉴权过程可通过认证初始化、三方认证、认证预计算和星间双方互认等阶段。

1) 认证初始化

卫星被发射前,由地面站完成认证的初始化,生成卫星网络节点的认证信息并把这些信息进行分发。卫星网络节点的认证信息主要包括卫星节点的内部身份信息及唯一标识、卫星节点对外通信时使用的唯一身份标识、认证卫星节点的共享密钥等信息。

2) 三方认证

当新入轨的卫星网络节点首次接入天基网络时,需要地面站实时参与。卫星网络节点间进行认证时会协商一个今后进行安全通信所需的会话密钥。同时,对方节点的轨道参数和身份标识等相关信息也会添加到卫星网络节点认证信息表中。

3) 认证预计算

由于卫星节点的时钟同步性高以及其运行轨迹可精确预测,因此在进行认证前预先计算相应的参数可以提高认证效率并减少切换时延。认证预计算由各个卫星网络节点独立完成,包括两个主要方面:①计算出卫星网络节点与下一个节点目标进行组网认证的时间参数和临时身份信息;②预先计算出下次认证所需的认证密钥。完成认证预计算后,卫星网络节点会存储相应的认证参数,以便在下次认证时直接查找和比对,从而简化认证流程。

4) 星间双方认证

当已经完成前述步骤的卫星网络节点再次进行组网认证时,只需进行轻量化认证。卫星网络节点之间分别对参与认证对方的合法性进行判断,如果验证通过将对后续安全通信所需的会话密钥进行计算,从而完成整个认证过程。

6.3.4 应用层安全防护技术

天空地一体化物联网应用层安全涉及对物联网应用层的各方面安全进行保护,包括数据存储、身份鉴权和访问控制等方面。随着物联网的迅速发展,对物联网应用层安全问题的关注逐渐增加。在天空地一体化物联网应用层,存在着大量的设备、应用和用户,潜在的安全风险也随之增加。

安全机制的设计和实现需考虑以下几个方面:①数据存储安全,对于数据的传输和存储过程中采取加密措施,以确保数据的机密性和完整性;②身份鉴权,通过对用户身份进行验证,防止未经授权的用户访问网络资源,从而确保系统的安全性和可信度;③权限控制,通过设定访问权限,限制用户对网络资源的访问范围,以保护敏感信息不被未授权的用户获取;④访问控制,确保数据在传输过程中不被篡改或破坏,采取适当的措施保障数据的完整性和可用性。针对应用层的网络攻击,传统的安全防护技术有恶意代码检测技术、入侵检测技术和有害内容检测技术,通过这些技术可以发现并拦截一些常见的应用层网络攻击。应用层安全内容组织架构如图6-10所示。

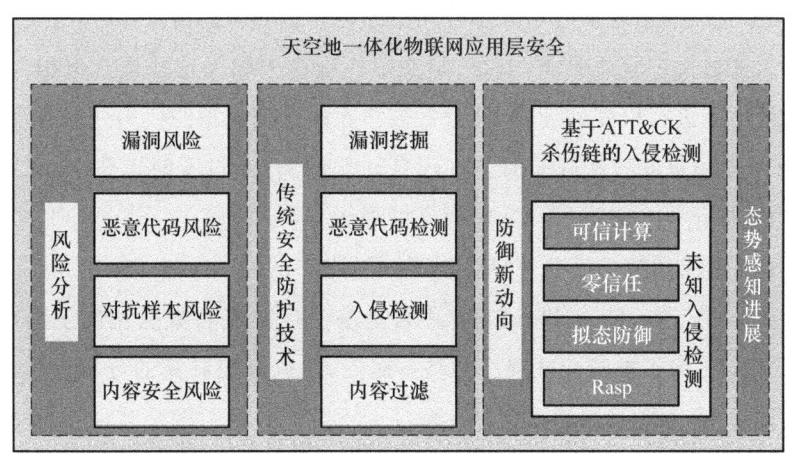

图6-10 应用层安全内容组织架构

1. 软件漏洞挖掘技术

软件漏洞挖掘技术其目的在于主动发现并利用软件中的安全漏洞,以提高系统的安全性和降低被黑客攻击成功的风险。

基于模板生成的漏洞挖掘技术,通过利用目标程序输入语法、目标静态分析等方法来生成目标输入格式的优质测试用例样本。依据生成策略,具体又分为基于模型和基于语法的模糊测试。

通过对输入格式编写相应的数据模型和状态模型对输入样本进行约束。典型的有Peach、Spike和Pham。它们分别是通过编写配置文件、编程接口、使用符号执行针对输入模型三个方面对输入样本进行约束。

基于语法模糊测试以IFuzzer和LangFuzz为代表。IFuzzer使用进化计算技术——

遗传编程,来指导 fuzzer 生成输入代码片段,这些代码片段可能在解释器中触发异常行为,但很难被发现。

1) 基于模糊测试的漏洞挖掘技术

(1) 基于覆盖度的变异模糊测试漏洞挖掘

在正常输入的基础上,通过获取反馈的方式评估输入样本的质量,保存后能触发新路径的测试样本,并对其进行畸变,测试触发的新路径上新发现的基本块是否崩溃。以 AFL、CollAFL、AFLFast、T-Fuzz、VirtualFuzz 等为代表。AFL 用以记录边的哈希图大小只有 64 K,会出现哈希碰撞,导致无法记录一些新发现的边,从而无法精确的指导种子的选择。清华大学张超等提出的 CollAFL 通过一种能够有效避免哈希碰撞的分配策略,最终实现高于 AFL 分支覆盖检测的准确度。AFLFast 为了探索更多的路径,通过提高低频路径的测试样本选择率,从而减少 AFL 对高频路径的重复性测试。T-Fuzz 在不能再触发新的代码路径时,通过动态跟踪来检测目标程序对输入的检查,以检查生成的测试样本是否由于无法通过校验而失败,如是,则在目标程序中删除这些检查保护代码块,继续在转换后的程序上进行模糊处理,从而触发被移除的检查保护的代码并发现潜在的漏洞。VirtualFuzz 是利用灰度马尔可夫模型进行自动化预测,通过实时监察,随时调整进化方向,同时利用虚拟化平台来进行自适应的模糊测试。

(2) 基于控制流和数据流的变异模糊测试漏洞挖掘

Vuzzer、Steelik、SemFuzz 和 GREYONE 是基于控制流和数据流的变异模糊测试的典型代表。Vuzzer 为了推断测试程序的基本属性,通过对控制流的分析计算出基本块的权重,并通过分析获取在测试样本完整性验证中不能修改的关键字节,在动态测试过程中筛选权重更高的测试样本,即更深的执行路径对应的样本作为畸变种子文件。Steelik 为了减少生成无效的畸变测试样本,通过轻量级的静态分析和二进制插桩技术提取代码覆盖率信息和魔法字节比较信息等引导变异。SemFuzz 通过反向数据流分析跟踪关键变量所依赖的内核函数参数。GREYONE 为探索难以访问的代码并发现漏洞,在模糊测试过程中通过改变输入字节,监测其前后的值是否变化来推断变量污点的位置,基于污染变量与未被污染分支中期望值的距离,来调整模糊测试的演化方向。

(3) 基于污点分析定位变异的模糊测试漏洞挖掘

在 BuzzFuzz 模糊测试中,采用了动态污点分析(DTA)技术,通过定位影响程序关键点的测试输入中的具体字段并将相应的字段变异,可以在提高测试样本的有效性的同时不破坏测试程序对测试样本的语法检查。在 TaintScope 中,利用污点分析技术获得校验和处理相关代码,以达到协助模糊测试的使用工具躲避校验和检查的目的。SeededFuz 使用动态污点分析技术来识别测试用例中的字节。TIFF 主要通过推断输入类型,间接增加触发内存损坏漏洞的概率,而推断方式主要是内存中的数据结构识别和动态污点分析。Fairfuzz 和 Profuzzer 通过使用轻量级的污点分析技术找到指导性突变解,并获得可变的污点属性。

(4) 基于目标定位逼近的变异模糊测试漏洞挖掘

以 AFLgo 和 Hawkeye 为代表,该优化思路认为代码更新的区域(如补丁所在的区域)容易存在漏洞。两者都以测试种子样本能否到达指定目标代码区为选择原则,AFLgo 通过采用模拟退火算法来选择最逼近目标区路径的测试样本,将这些测试样本作为畸变种子文件。Hawkeye 则是对 AFLgo 的一种改进,通过对被测试程序和目标代码进行静态分析,获取函数和基本块级距离、目标的调用图等信息,从而更准确地指导选择逼近目标区域的测试种子样本。MemFuzz、UAFuzz、UAFL、Memlock 也使用了该优化思路。MemFuzz 专注于内存访问相关的代码区域,并进一步用目标程序执行的内存访问信息来引导模糊测试器。UAFuzz 和 UAFL 则专注于 UAF 漏洞相关的代码区域,使用目标序列找到先释放后使用的漏洞,这些漏洞的内存操作必须按照特定的顺序执行(如分配、释放然后存储/写入)。Memlock 主要关注内存消耗漏洞,以内存使用情况为适应度目标寻找非受控内存消耗漏洞。

(5) 基于符号执行的漏洞挖掘技术

符号执行是通过汇总执行程序时被污染的分支条件及其对应变量,获得路径约束条件并使用求解器对其进行求解后推断路径可达性问题,对于可到达的路径则生成相应的测试样本,避免生成过多的测试输入样本。采用符号执行技术的知名架构有 S2E、angora 等。Baldon 讨论了深度搜索、广度搜索、随机路径选择和代码覆盖等启发策略。KLEE 提出混合随机路径选择和覆盖优化搜索的启发策略。

基于符号执行的漏洞挖掘可以和模糊测试漏洞挖掘结合,为后者提供指导辅助。Driller 工具为了帮助 AFL 脱离"停滞"状态,通过将 ang 和 AFL 结合,使得符号执行和模糊测试交替探索程序执行路径。

2. 恶意代码检测技术

恶意代码一般采用混淆、花指令、加壳等技术来逃避安全检测,本章节重点阐述基于特征匹配的恶意代码检测、基于行为分析的恶意代码检测、利用深度学习检测恶意代码、基于沙箱技术的恶意代码检测。

1) 基于特征匹配的恶意代码检测

恶意代码检测的基本技术包含特征匹配,即在各种恶意代码清除软件上有着广泛的应用。每一个恶意代码都含有一个具体代码段——特征码。通过扫描引擎扫描恶意代码,将系统原有文件与特征码匹配,若检测到系统内文件有特征码和某恶意代码一致,便认为有恶意代码,本质即为病毒特征串的匹配。

特征匹配技术具有较高精度、易管理恶意代码检测技术等。但该技术存在着一些问题:一方面,恶意代码的增加,特征库的规模越来越大,扫描效率越来越差;另一方面,这种技术仅能应用于检测已知恶意代码中,无法找到新恶意代码。

2)基于行为分析的恶意代码检测

行为分析以恶意代码为研究对象,通过分析恶意代码中典型行为特征,针对典型的行为特征以及用户的合法操作规则进行分析研究。若某程序在运行过程中,探测到他们的行为与合法程序的操作规则相悖,或满足恶意程序的运行规则,便可判定是恶意代码。

3)利用深度学习检测恶意代码

将机器学习运用到恶意代码的分类中,有许多的优势。首先,它能够挖掘出同类型恶意代码的共性特征,从而更好地识别和分类恶意代码。其次,机器学习技术已经在计算机视觉和自然语言处理领域取得了显著进展,这些技术可以被应用于恶意代码分类中,帮助提高分类的准确性和效率。

4)基于沙箱技术的恶意代码检测

沙箱技术即将恶意代码放到虚拟机里面去执行,它所进行的全部操作是虚拟化重定向的,没有更改实际操作系统。它解决了变形恶意代码检测难题。在加密过程中,将各种形态的恶意代码放置于虚拟机进行自动解码,恶意操作被启动。在实验环境中,通过比对特征码,可侦测是否有恶意代码。

3. 入侵检测技术

入侵检测(Intrusion Detection,ID)是在路由器等设备监控和防御入侵行为的安全机制。图 6-11 为入侵检测技术的一般模型。入侵检测使用主动防御技术(Proactive Defense),关键之处在于两个方面,即主动性与防御性。

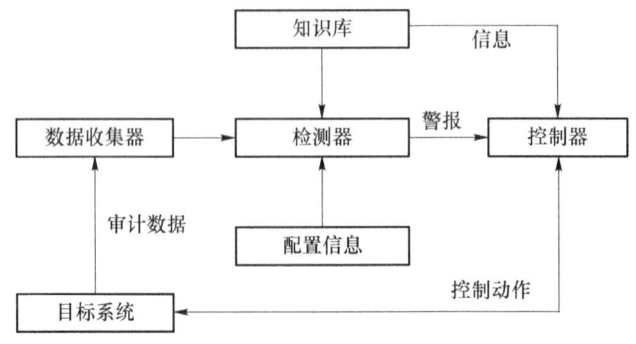

图 6-11 入侵检测技术的一般模型

1) 基于规则匹配的入侵检测技术

基于规则匹配的入侵检测技术的工作原理是基于预先定义好的规则集合来检测网络流量中的异常行为和潜在的入侵行为。这种技术的核心在于建立一个规则库，其中包含了已知的攻击模式、恶意行为以及正常网络活动的特征描述。

入侵检测技术首先会对网络流量进行监视和捕获，其次将捕获到的数据与规则库中的规则进行匹配。这些规则可以基于网络协议、流量特征、行为模式等方面。当监测到网络流量与规则库中的某条规则匹配时，系统会发出警报或采取相应的防御措施。

2) 基于神经网络的入侵检测技术

BP神经网络（Back Propagation Neural Network）是神经网络模型中的典型代表。其方法是对所搜集到的审计记录进行分析，建立各用户行为模式模型，然后进行入侵检测。Hogluand等采用一维SOM自组织特征映射（Self-organizing Map）来进行的网络入侵检测，并通过待测试数据的基础特征甚至是可以推测到的特征来建立原型系统。

3) 基于隐马尔可夫模型的入侵检测技术

隐马尔可夫模型（Hidden Markov Model，HMM）是从马尔可夫链发展而来，该模型使用参数来表示，并描述实时过程的概率。基于隐马尔可夫的入侵检测技术，采用通过基本学习来存储伴随正常行为的正常用户的特征模式，以评价问题的方式探测入侵行为。

本 章 小 结

天空地一体化物联网的安全防护系统需涵盖感知层、网络层、平台层和应用层，需要对物联网感知层终端设备安全、信息传送的网络层安全、数据存储及提供服务的平台层的安全、应用程序的安全等诸多方面进行统筹考虑并兼顾。本章内容介绍了天空地一体化物联网各层面临的安全风险和安全防护技术等内容。

天空地一体化物联网感知层存在遭受外界攻击的安全风险，同时，身份伪造和未经授权的节点访问也可能威胁感知数据的安全；网络层存在网络传输链路安全、传输数据安全，以及遭受网络攻击的风险；平台层存在遭受多种网络攻击、数据泄露、病毒和木马等安全风险；应用层存在用户隐私泄露、恶意软件攻击和数据篡改的安全风险。

相应地，为了应对以上安全风险，感知层利用感知节点的物理和电路安全防护设计、轻量级身份认证技术、数据加密技术、数据完整性认证技术等进行安全防护，网络层应用通信协议加密技术、数据安全防御技术、卫星安全保护技术，平台层应用数据加密及数据访问控制技术、用户访问控制技术、被动式防御技术、平台任务调度及载荷预测技术、星间认证鉴权技术等进行安全防护,应用层利用软件漏洞挖掘技术、恶意代码检测技术、入侵检测技术,从而实现天空地一体化物联网的安全防护。

参 考 文 献

[1] WU Z J, ZHANG Y, YANG Y M, et al. Spoofing and anti-spoofing technologies of global navigation satellite system: A survey [J]. IEEE Access, 2020, 8: 165444-165496.

[2] SHAH S M J, NASIR A, AHMED H. A survey paper on security issues in satellite communication network infrastructure [J]. International Journal of Engineering Research and General Science, 2014, 2(6): 887-900.

[3] Full disclosure: 0day vulnerability (backdoor) in firmware for Xiaongmai-based DVRs, NVRs and IP cameras[EB/OL]. (2022-12-04)[2024-05-30]. i. https://habr. com/en/post/486856.

[4] 江姗,徐宁,王雪岩,等. 针对最小项伪装电路的逆向工程攻击方法[J]. 东南大学学报(自然科学版),2017,47(1):187-192.

[5] 村上洋树. 保护半导体集成电路以防范逆向工程的方法及半导体装置: CN111610425B[P]. 2022-05-13.

[6] 孙照明. 一种防逆向工程装置: CN213843851U [P]. 2021-07-30.

[7] 朱晓辰. 物联网感知层轻量级认证技术的研究 [D]. 西安:西安电子科技大学,2021.

[8] 林巧民. 物联网安全及隐私保护中若干关键技术研究 [D]. 南京:南京邮电大学,2014.

[9] 吴巍,张更新. 天基物联网技术[M]. 北京:电子工业出版社,2021.

[10] XUE M F, GU C Y, LIU W Q, et al. Ten years of hardware Trojans: A survey from the attacker's perspective [J]. IET Computers & Digital Techniques, 2020, 14(6): 231-246.

[11] RIGO C A, LUZA L M, TRAMONTIN E D, et al. A fault-tolerant reconfigurable platform for communication modules of satellites [C]//2019 IEEE Latin American Test Symposium (LATS). Santiago, 2019: 1-6.

[12] MONREAL R M, ALVAREZ J, DENNIS G, et al. Impact of single event

effects on key electronic components for COTS-based satellite systems[C]//2019 IEEE Radiation Effects Data Workshop. San Antonio,2019:1-7.

[13] GKIOKAS C,SCHOEBERL M. A fault-tolerant time-predictable processor [C]//2019 IEEE Nordic Circuits and Systems Conference(NORCAS):NORCHIP and International Symposium of System-on-Chip(SoC). Helsinki,2019:1-6.

[14] 石乐义,李阳,马猛飞. 蜜罐技术研究新进展[J]. 电子与信息学报,2019,41(2):498-508.

[15] CARVALHO M,FORD R. Moving-target defenses for computer networks[J]. IEEE Security & Privacy,2014,12(2):73-76.

[16] 周绮莹,柳莹. 基于防火墙技术的网络安全防护[J]. 网络安全技术与应用,2016(5):20,22.

[17] QU Z C,ZHANG G X,CAO H T,et al. LEO satellite constellation for Internet of Things[J]. IEEE Access,2017,5:18391-18401.

[18] GODEFROID P. Fuzzing[J]. Communications of the ACM,2020,63(2):70-76.

[19] Yue P,An J,Zhang J,et al. On the security of LEO satellite communication systems:Vulnerabilities,countermeasures,and future trends[J]. Authorea Preprints,2023.

第 7 章

应 用 场 景

7.1 概 述

天空地一体化物联网技术在应用场景中呈现出多样性和广泛性,其分类和讨论可以从不同的角度进行。从用途角度划分,可以将其分为军用、商用和民用等不同领域。在军用领域,天空地一体化物联网可用于军事侦察、通信指挥、军事导航等方面,为军队的作战行动提供支持。而在商用领域,它可应用于智慧交通、智慧物流、智能制造等方面,提升生产效率和服务质量。在民用领域,天空地一体化物联网可为智能家居、智慧医疗、智慧农业等方面带来便利和舒适。

军用领域是天空地一体化物联网的重要应用领域之一。在军事侦察方面,天空地一体化物联网通过卫星遥感、航空观测等手段,实现了对战场及周边环境的实时监测和情报获取,为军队的战略决策提供了可靠数据支持。在通信指挥方面,天空地一体化物联网技术的应用使得军队内部的通信指挥更加高效和安全,可以实现指挥官对部队的实时监控和指挥,提升作战效率。此外,天空地一体化物联网还在军事导航、军事教育训练等方面发挥着重要作用,为军队的综合战斗力提升做出贡献。

商用领域是天空地一体化物联网应用的重要方向之一。在智慧交通方面,天空地一体化物联网技术可以实现对车辆、道路和交通信号等要素的实时监测和管理,帮助优化交通流量、缓解拥堵、提升交通安全。在智慧物流方面,天空地一体化物联网技术可以实现对货物运输过程的全程监控和管理,提高物流运输效率和安全性。在智能制造方面,天空地一体化物联网技术可以实现设备间的互联互通,实现生产过程的智能化和自动化,提高制造业的生产效率和产品质量。

民用领域是天空地一体化物联网应用的广泛领域之一。在智能家居方面,天空地一体化物联网技术可以实现家居设备的智能化控制和管理,提升居住环境的舒适性和便利性。在智慧医疗方面,天空地一体化物联网技术可以实现对医疗设备和患者健康状况的实时监测和管理,提高医疗服务的效率和质量。在智慧农业方面,天空地一体化物联网技术可以实现对农田环境和农作物生长情况的实时监测和管理,提高农业生产的效率和产量。

本章将详细介绍了天空地一体化物联网在智慧交通、智慧农业、应急救援、环境监测、航空航海和军事领域中已经存在的典型应用及相应技术。

7.2 智慧交通

在智慧交通领域,天空地一体化物联网技术的应用正在逐渐展现出巨大的潜力。传统的交通监控系统往往依赖于地面传感器和摄像头,但随着交通监控系统的复杂化和城市化程度的提高,单一的监控手段已经无法满足需求。因此,天空地一体化物联网技术被引入到智慧交通领域,以提升交通管理的效率和精确度。通过综合利用卫星遥感、航空观测和地面传感器等多种技术手段,天空地一体化智慧交通系统构建了一个全方位、多层次的监测网络。卫星遥感技术可以提供广域范围的交通状况监测,包括道路拥堵情况、车流密度等信息,而航空观测则可以实现对特定区域更加精细化的监测和分析,如城市中心区域或交通节点。地面传感器则能够提供实时的车辆和行人流量数据,以及交通信号灯的状态等细节信息。这种综合利用天空地一体化物联网技术的智慧交通系统,可以实现对交通状况的全面监测和分析,帮助交通管理部门更好地规划交通流动,优化交通信号配时,提升道路通行效率,减少交通事故发生率,从而实现城市交通的智慧化管理。

7.2.1 京张高速铁路天空地一体"数字孪生"智能化运维

京张高速铁路是中国首条设计时速达 350 km 的智能化高速铁路。该铁路利用建筑信息模型(BIM)结合地理信息系统(GIS)的工程管理平台,实现了数据的自动采集和信息的互联。为了贯彻建设与运营管理并重的理念,该平台集成了北斗铁路应用服务、动车自然灾害监测以及地震预警系统,并创新性地将多源监测数据整合入"数字孪生"模型中,打造了一个以 BIM 和 GIS 为基础的智能化京张高速铁路运维管理系统。通过研究和分析

BIM与GIS的融合方式,探讨了模型参数化建模方法,并基于该方法提出了京张高速铁路运维平台的总体框架。该框架实现了京张高速铁路设备设施基本信息管理、设备设施运行监控、动车故障预警、维修管理、灾害预警与生产管控、智能调度分析等功能的数字孪生体投射,使其融为一体。

总体框架采用系统论方法,将京张高速铁路的"数字孪生"智能化运维框架视为一个整体,把空中和地面的空间元素统一考虑,构建出一个可持续进化的数字化生态系统。通过数据、模型和知识的有机集成,该框架具备对历史问题的诊断、当前状态的评估以及未来趋势的预测能力,实现了京张高速铁路在"数字孪生"技术智能化和信息化建设运维方面的协同管理和共享使用。

在感知层,利用北斗应用、地震预警、灾害监测、视频分析等平台,通过物联网、5G、铁路专网进行信息采集汇总,实现对京张高速铁路基础设施运行状态、地理位置、空间全景等全信息的采集、接入与集成[1]。

数据层主要包括京张高速铁路的基础资源数据和动车组业务资源数据,进行数据存储和访问处理。基础资源数据由几个关键部分组成,包括存储基本参考数据的元数据库、用户信息的数据库、角色定义的资源库以及组织架构的资源库。高速动车组的业务资源数据则涵盖了运行状况监控、列车状态信息、报警系统、维护修理操作以及资产管理调配等数字孪生业务资源数据库。

应用层基于BIM+GIS技术实现三维场景搭建及数据融合,包含京张高速铁路设备设施基本信息管理、设备设施运行监控、动车故障预警、维修管理、灾害预警与生产管控、智能调度分析等数字孪生智能化功能。

展示层支持PC、移动端访问,实现京张高速铁路空地一体化智能运维平台的可视化、可管理化。

基于BIM与GIS技术的运维平台融合铁路北斗应用服务平台、高速铁路自然灾害监测系统和地震预警系统,将天空地一体化系统监测数据注入"数字孪生"体系中(图7-1),主要功能包含设备设施基本信息管理、设备设施运行监控和动车的故障预警、维修管理、灾害预警、生产管控及智能调度分析。

在设备设施基本信息管理方面,该智能化运维平台利用BIM技术规范化组织和整理京张高速铁路的设备设施基本信息,便于运维人员快速查询设备相关信息,包括设备型号、规格、生产厂家、位置、状态和维修记录,为生命周期管理提供完整准确的信息。

在设备设施运行监控方面,平台通过实施标准化的网络管理协议、物联网解决方案和统一的接口规范,能够即时收集有关设备状态和信息的数据。这使得我们能够对设备的运行情况进行实时监测。在京张高速铁路设备设施的多元化应用场景下,我们实现了自动化的安全风险预警、灾害监控与调度的集成,以及综合视频系统的互联互通。

这项功能的核心竞争力在于其结合了北斗系统的精确定位技术和GIS提供的高精密度铁路地图数据,以实现对位置的精确校准。这样一来,我们能够实时、准确地监控并记录运维人员的位置以及动车组列车的运行态势,从而有效提升了人员的安全和故障处置的效率。此外,该功能还有助于改进生产管理流程,合理分配维护资源,增强紧急情况下的应对能力,并推动跨专业的协同发展。

同时,这项功能也为设备的养护维修及作业过程的安全控制提供了便利,进而提高了天窗的综合利用率。通过这种监控手段,我们能够更加高效地管理和维护京张高速铁路的设备设施,确保其长期稳定运行。京张高速铁路运行监控示意图如图7-1所示。

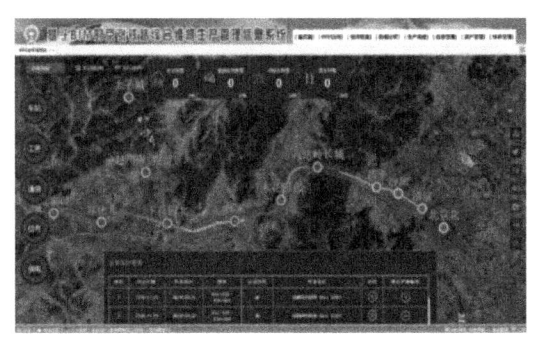

(a) 运行监控首页

(b) 运行监控界面

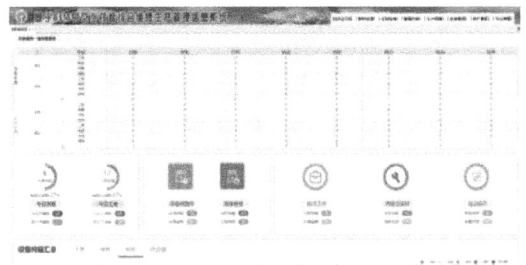

(c) 运行监控数据显示

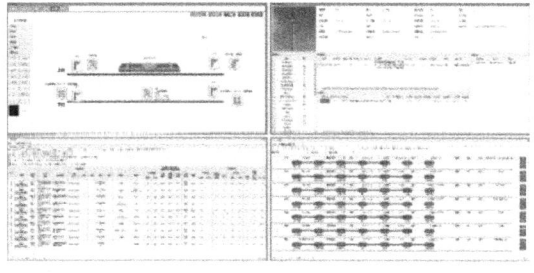

(d) 数据显示

图7-1 京张高速铁路运行监控示意图[2]

在动车的故障预警方面,京张高速铁路动车故障预警利用多源异构数据处理、特征提取融合等技术,为动车组故障预测与健康管理(PHM)业务应用及模型构建提供了统一规范的数据标准和数据服务。通过整合动车组从制造、使用、维护到检测等整个生命周期中的多样化数据,构建了一个全面的动车组PHM系统,并进行关联数据分析,实现了动车组故障的智能分析和超前预警,从而确保了动车组在运行过程中的安全性。

在动车的维修管理方面,京张高速铁路首次建立了全线三维BIM模型,在工程建设期依托BIM+GIS工程管理平台开展了建设管理和"三站三隧"等精益化的施工应用。平台整合了设计、施工以及设备资产等各类数据,并将其传递给运营维护环节,为基础设施的全生命周期管理打下了坚实的基础。维修管理功能涵盖了信息、工务、电务、供电设备资产在统一的三维场景中的管理,展示了设备位置、周边设施及地形地貌。BIM模型不仅包含了设备的参数、维修记录、缺陷情况和建设信息,而且实现了运营维护与建设过程的无缝结合。此外,维修管理还集成了高速铁路的防灾系统、检测车辆、车载报警系统等信息,能够联合调用综合视频资源,实现跨专业的综合应用。同时,建立了统一的生产计划流程,确保了高速铁路设备维护工作的闭环管理,提高了维护效率和响应速度。

在动车的智能调度分析方面,京张高速铁路的智能调度分析系统拥有多项先进功能,能够对列车的准点或延误状态进行预警,并具备智能决策支持,如调整列车运行计划、日常调度方案的优化、车辆底架的使用规划和紧急情况下的辅助决策。此系统还实现了计划命令关联管理、联动推送、调度命令自动解析,以及联动执行、开行计划实际对比、加开停运分析对比等功能。按照京张高速铁路智能化体系,基于新技术和新架构,以运输综合计划为核心,构建了智能综合调度管理系统。该系统有助于实现调度过程的数字化、调度组织的专业化协同以及流程化的互控制度,确保了京张高速铁路运输调度管理的安全性、高效性和可靠性。

7.2.2 广州市智慧交通无人机智能平台

由广州市研发的天空地一张图智能平台是一个协同化、数智化的低空遥感智能平台(图7-2)。集成航天卫星、航空无人机、近地设备的空间数据于一体,提供强大的数字孪生可视化手段、地理视频/图片数据融合技术、低空场景 AI 分析算法,适配大疆机场和行业无人机,实现天-空-地多端协同作业与一张图成果共享。传统高速公路工作模式依赖人工、低效烦琐,存在安全隐患且工作任务重;车巡主观粗放难以数字化。广州市天空地一张图智能平台无人机低空巡检系统具有效率高、视场宽、机动性强、综合成本低、受地域影响小等优势,最大限度地减少人力投入,进而降低人员劳动强度及事故发生率,近距离观测人员无法到达区域、获得更精准的现场情况。结合机库与云管理系统,天空地一体化管理,实现巡检自动化。

基于地质制图系统 geomap 技术,将无人机视频、图片以及各终端实时数据,精准融合于地图,实现地图的动态更新与动态地图投影,指挥作战一目了然;将飞行轨迹、视频、图片赋予精准坐标信息,成果转化为精准地图,空间数据分析简单可行。自动识别异常信息,自动派发预警任务,自动闭环处置成果,做到了 AI 智能的"查-处-结",无人机巡查进入 AI 时空智能时代。平台支持 BIM、OSGB、DOM、DEM 等多种数据接入;同时支持三维数字孪生超真实数据呈现,实现"一平台全格式"三维数据接入。

图 7-2　天空地一张图智能平台界面[3]

顺应高速交通行业向无人化管理发展的趋势,广州市结合低空遥感技术、人工智能技术、边缘计算以及数字孪生等技术,推出了智慧交通解决方案。这一方案通过构建数字空间,实时展示业务面貌,全面支持各类运营服务需求。针对高速公路的日常巡检、夜间无人值守自动巡检、定期勘测以及应急救援等任务,该系统实现了无人化执行,并生成详尽的数据报告。

在日常巡检方面,平台通过自动机场功能,实现了无人机的自动起降、存放、充电、远程通信、远程控制、数据存储和智能分析等功能。无人机无需人工直接操作,便能自动按照预设的飞行计划和时间表执行任务,自主进行充电和飞行。根据预设的巡检路线和时间,无人机通过自主飞行沿预定路径收集实时的高速公路状态信息,用于执行常规或周期性的巡查任务,并能够及时识别并报告任何异常的道路状况,日常/定期巡检高速路况展示界面如图 7-3 所示。

在夜间无人值守自动巡检方面,平台实现 7×24 h 无人值守作业,可在云端进行任务规划和设备管理。无人机依据预设的任务安排,能够自动启动并执行任务,同时将执行结果自动上传并存档。此外,它能在夜间执行真正的无人监控,进行高速公路的路况巡查。无人机还能够装备扩音器、照明设备和夜视摄像头等装置,以便在夜间紧急情况下为高速公路提供必要的救援支持。

在全局管控多方协作方面，平台利用无人机进行实时集中精细化管理，是通过将多个无人机的数据信息集中汇总，以及利用人工智能技术对这些数据进行处理和分析。首先，无人机在执行飞行任务时，搭载的多种传感器能够捕获包括道路状况、交通流量和车辆运行情况在内的广泛交通巡查数据。其次，收集到的数据随后被发送至指挥中心，经过综合处理和分析，转化为实时的路况图和详细的数据报告。最后，利用这些信息，决策者可以全面掌握当前的交通状况，迅速地做出决策，并有效地进行指挥和调度。

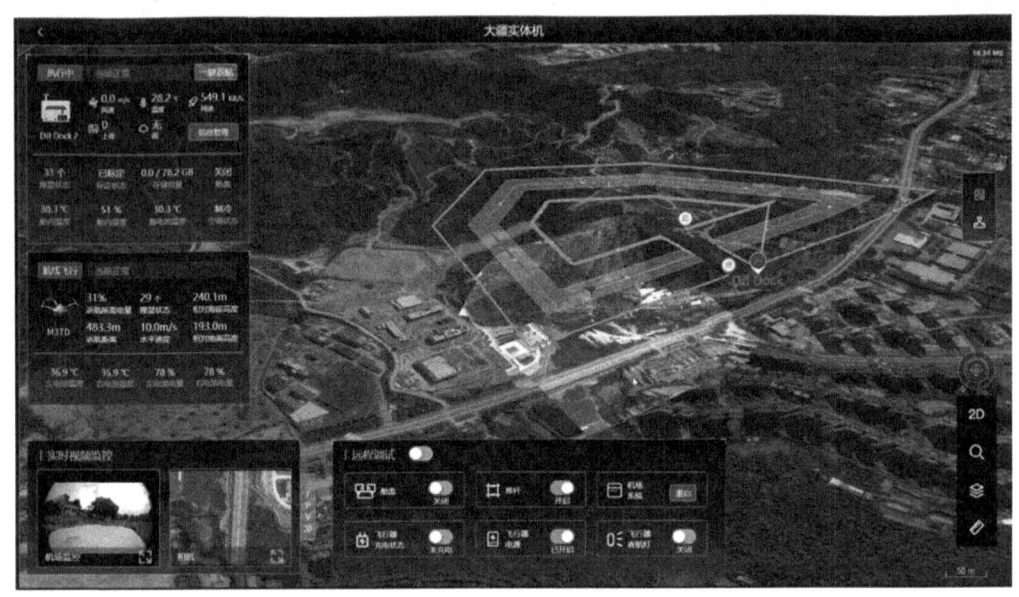

图 7-3　日常/定期巡检高速路况[3]

在应急巡检方面，无人机在应急巡检中的应用主要通过实时监测和数据传输来提供支持。当交通事故或道路拥堵等紧急情况发生时，无人机能够立即升空，直接飞往事件发生地点执行紧急监测。在飞行中，无人机上配备的摄像头和感应器能够即时记录现场状况，并将这些信息实时传回指挥中心。传回的数据涵盖了事故现场的详细情况、交通流的变化以及道路的实际状况等，为交通管理机构提供了即时的监控信息。指挥中心利用这些数据对当前交通状况进行评估，并能够迅速制定并执行相应的调度和应对措施。

在事故现场勘察方面，无人机在事故现场勘察中的应用涉及多方面的技术和操作。首先，无人机能够从空中对事故现场进行俯瞰，使用其携带的高清摄影设备对现场的道路、车辆以及人员情况进行拍摄和记录，以此收集详尽且精确的现场数据。其次，通过搭载的定位系统和传感器，无人机能够对事故现场进行精确定位和定点监测，实现对违规车辆进行追踪和定位。最后，无人机借助人工智能技术，能够迅速辨识现场的关键信息，创建交通事故的实景记录，并完成电子签名的认证过程。

7.3 智慧农业

7.3.1 四川眉山天府新区天空地一体化全域智慧农业监测服务体系

眉山天府新区天空地一体化全域智慧农业监测服务依托"天府星座"1至10号卫星建立了"天府粮仓"农业大数据底座,通过该卫星回传的数据对眉山天府新区的农业进行全面的监测。基于"天府粮仓"农业大数据底座,眉山天府新区构建了"天府粮仓"数字化平台,形成了一个整合了空中、地面和地下信息的全域智慧农业监测服务系统。这一系统包括了耕地保护、土地管理、种植监管以及社会化服务等多个关键领域。

四川眉山天府新区天空地一体化全域智慧农业监测服务体系总体框架如图7-4所示。该体系的核心任务包括天空地数字农业观测体系和天空地数字农业管理平台,天空地数字农业观测体系利用天空地技术进行农业观测和监测,以获取精准的农业数据。数字化环节包括农业资源调查的数字化管理、农业生产流程调度的数字化改造、灾害监控评估的数字化处理以及市场监测预警系统的数字化建设,旨在通过先进的数字化技术对这些关键环节进行优化和提升。天空地数字农业管理平台整合各环节数据,为农业提供信息和决策支持。

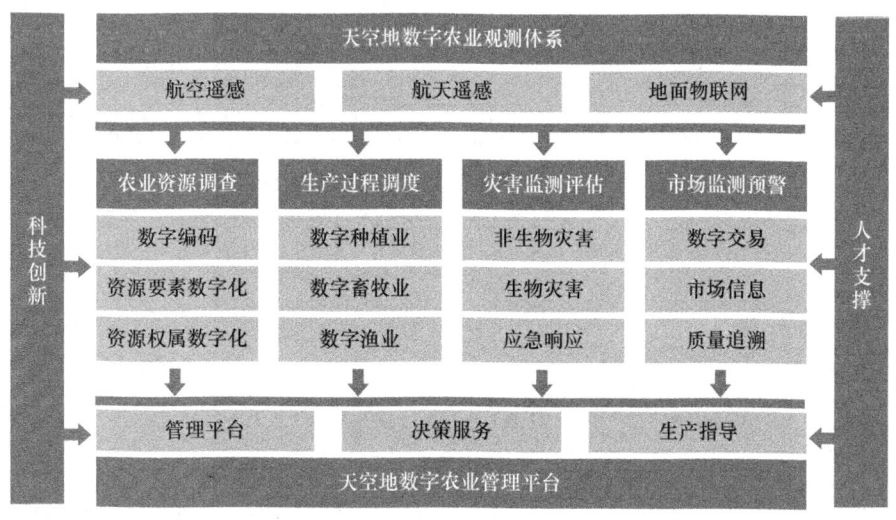

图7-4 天空地数字农业架构

通过部署"天府星座"中的 1 至 10 号卫星,眉山天府新区能够捕获关于农田的全面信息,包括土壤质量、作物生长情况以及气候模式等。通过分析这些数据,农业生产者能够实施精准农业策略,精确地管理灌溉、施肥和病虫害防治,进而提升作物的产出和品质。自 2023 年"天府粮仓"数字化平台成功构建以来,眉山天府新区的农业用地得到了全面监管。在"天府粮仓"数字化平台的帮助下,卫星技术专家组就可以借助卫星遥感技术迅速而准确地识别不同作物类型、确定种植面积和分布,同时对作物生长状况、土壤湿度以及灾害情况进行实时监测和分析,并据此预测产量。在"天府粮仓"数字化平台建立之前,如果需要对这些情况进行掌握分析只能依靠人力前往田间地头进行监测,既耗时耗力,又难以覆盖广阔的地区。通过卫星遥感技术,可以周期性地收集数据,确保监测的连续性和数据的时效性,还可以提供多种类型的数据,如红外线、热像和多光谱图像,这些对于深入了解作物健康状态、土壤条件和水分分布至关重要。如今借助"天府粮仓"数字化平台,技术人员只需要依据卫星在关键时期拍摄的图像进行数据处理,并结合必要的现场调查,就能够精确掌握农业生产的各个方面。这种方法不仅节省了大量的人力、物力和时间,而且还能从宏观角度全面把握农田的生产状况,并及时对可能的灾害和虫害发出预警。如图 7-5 所示,"天府粮仓"数字化平台可以向技术人员在遥感图像中精准展示作物类别、作物种植面积和作物分布情况,技术人员只需要结合一些必要的田野调查,就可以对农作物苗情、土壤墒情和灾情等进行监测、分析,并对作物产量进行预估,"天府粮仓"数字化平台农业生产过程分析如图 7-5 所示。

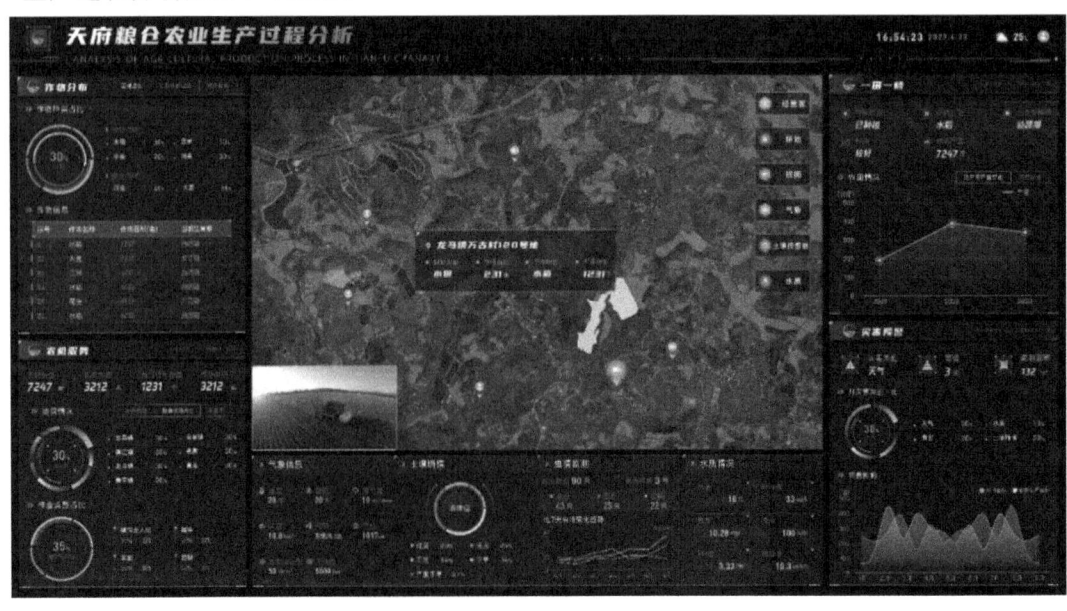

图 7-5 "天府粮仓"数字化平台农业生产过程分析[4]

以"天府粮仓"数字化平台为例,天空地一体化全域智慧农业监测服务体系都可以整合遥感数据共享联网,建立统一规划、区域分工协作的农业航空观测网络,加强特定的农业航空定位、成像、载荷集成、软件系统建设。

7.3.2 珠江南海区南海数智渔业综合服务平台

我国是一个传统的农业大国,在农业发展方面具有广阔的市场前景。目前,中国的农业集约化程度相对较低,农业基础设施尚不完善,这导致农业生产活动相对分散。这种分散化的生产方式导致了农业生产成本较高,生产效率也不够高。然而,天空地一体化全域智慧农业监测服务可以通过多种技术手段监测和控制农业生产过程。通过使用无线传感器监测光照、温度和湿度等环境因素,能够实时收集农业生产环境中的关键参数,包括但不限于温度、湿度、光照强度、土壤温度、土壤水分、二氧化碳水平、叶片湿度和露点温度。同时,结合卫星遥感技术对整个农业生产区域进行天空地一体化监测,实现远程 PC 端和手机 App 监控[5]。此外,在农田布置摄像头等监控设备,实时捕获视频图像。用户可以通过监测平台随时查看现场的实时视频,监控温度和湿度等环境数据,并远程操作智能设备进行相应的调节和管理[6]。农业生产者能够依据现场采集的数据,为自动化的农业生态监测、环境控制以及智能管理系统提供准确的数据支持和科学依据。

位于珠江南海区的南海数智渔业综合服务平台,依托 5G、大数据和云计算等技术,融合了卫星遥感探测、无人机巡查以及物联网设备监测等感知技术,构建了一体化全方位的天空地三维渔业监测平台[7]。通过该平台,技术人员能够对鱼塘的面积、水质和温度等关键养殖参数进行精确监控,从而为数字化管理提供详尽的数据支撑。此外,该平台还创新性地推出了星级渔兴码体系用于等级评估,以实现淡水鱼生产的信用评定和溯源管理。除此之外,该平台还提供了包括养殖技术、行业资讯、市场动态和天气预报在内的多种信息服务,以供渔业从业者参考。例如,顺德渔业养殖水质检测项目(图 7-6)借助南海数智渔业综合服务平台,渔业从业者得以提升作业效率,减少经营风险,加强市场竞争力,并更有效地追求可持续发展目标。

南海数智渔业综合服务平台向渔业生产人员提供养殖技术,帮助他们改进生产方式,从而提高生产效率。例如,通过采用先进的养殖设备和生产管理系统等工具,可以提升生产效率。结合行业信息,渔业生产人员可以了解市场需求,作出相应的生产计划调整,避免资源浪费,提高资源利用率,从而提升生产效率。通过掌握市场行情,渔业生产人员能够做出更明智的销售决策,避免产品积压,提高销售效率,同时降低库存成本。利用气象预报信息对天气变化进行预测,并采取相应措施,有助于有效减少天气灾害带来的损失,提高产量的稳定性。

图 7-6　顺德渔业养殖水质检测项目[8]

随着科技的发展进步,"万物智联"的科技概念深入到社会发展的每一部分。基于"万物智联"理念设计的监测管理系统自顶向下,主要分为环境信息采集、信息监测、动态管理三个部分[9]。

(1) 环境信息采集。在地面,部署了多种传感器,它们能够即时收集关于气象、气温、二氧化碳浓度和光照强度等关键生产环境指标,实现对生产区域环境的全面实时监控。在天上,无人机装备了高清摄像头及多光谱和热成像等高级传感器,用以获取生产区域的详尽视觉信息,这些信息对于作物健康监测、农业生产评估、病虫害的检测以及养殖活动的管理至关重要。在太空,利用搭载在地球同步或极地轨道上的卫星遥感技术,收集生产区域的详细信息,通过分析不同光谱波段的数据来监测湿度、水质、养殖状况及环境变化。同时,结合气象卫星提供的数据,如降雨量、温度波动和潜在极端天气事件等,为养殖规划和灾害预防提供决策支持。这些技术的综合应用能够为农业从业者提供全面的数据支撑,帮助他们做出更准确的决策,从而提高产量,降低风险,优化资源使用。

(2) 信息监测。信息监测主要以视频监测为主,实时记录养殖区域的情况,并辅以超声波传感器进行生产环境的自动检测,根据养殖情况绘制渔业生产周期曲线图,为后续分析农作物生长状况提供原始数据。无人机可以装载多光谱传感器,捕获鱼塘的详细图像,这些图像对于评估鱼类养殖的健康状态至关重要。无人机还可以快速反应,频繁地监测大面积的鱼塘,提供实时数据支持决策。卫星遥感技术能够对大规模养殖区进行广泛且连续的监测。通过对卫星捕获的多光谱和高分辨率图像进行分析,可以对鱼塘的覆盖范围、生长速率及潜在的生长问题进行跟踪。此外,无人机和卫星监测技术也被用于评估与农业生产相关的环境因素,如土壤流失、作物受极端水文事件(洪水或干旱)的影响等,这类信息对于制定策略以适应和缓解气候变化具有关键性作用。

(3)动态管理。通过硬件设施,完成传感器节点的数据采集,将经过处理的数据上传到云平台,通过预设值进行自动控制,也可通过显示的数据手动调控。该控制系统根据鱼塘的周边环境情况自动控制温度控制系统、光量子控制系统以及喂养控制系统,以实现对水产养殖环境的自主调控。

通过整合天空地一体化农业监测服务技术,南海数智渔业综合服务平台集成了地面无线传感器网络、空中无人机监测以及卫星遥感技术,实现了对水产业环境和养殖状况的全面监控。这些技术的应用不仅极大提升了监测工作的准确性和即时性,还通过深入的数据分析辅助决策制定,促进了资源的高效利用,增强了农业生产的综合效能和产出。通过这种技术驱动的转型,中国的农业不仅能够满足国内外对食品安全和质量的日益增长的需求,还能在全球农业科技领域中占据领先地位。

7.4 应急救援

天空地一体化物联网在应急救援中发挥关键作用。通过使用无人机、飞艇等飞行器,可以快速获取灾害现场信息、输送救援物资以及进行搜索和救援行动。同时,利用卫星通信和数据分析技术,可以在灾难发生后迅速建立起紧急通信网络,保障救援人员之间的沟通联系,协调救援行动。通过数据分析推断失踪人员的可能轨迹,指引救援队伍的搜索方向,提高搜救的效率和成功率。而救援资源的调配也得益于物联网技术的应用,可实时监控各类救援物资的库存和运输情况,及时调动资源,确保救援行动的顺利进行。

7.4.1 北斗短报文系统

北斗卫星导航系统是我国自主研发和建设的全球卫星导航系统。其中,北斗短报文通信是北斗系统区别于其他全球卫星导航系统的特色服务,北斗短报文系统作为北斗三号卫星导航系统的关键应用之一,为紧急救援和物联网通信提供了重要支持。北斗短报文系统通信示意图如图7-7所示,该系统由一系列卫星、地面监控站和用户终端组成,旨在提供高精度、高可靠性的定位、导航和时间服务。用户只需在手机或其他终端设备上输入短信内容,即可通过北斗三号卫星实现全球范围内的短信传输。该系统具备高可靠性、广覆盖和低成本等优势,特别适用于偏远地区或灾难情况下,保障通信的安全和稳定性。

北斗短报文系统可以用于灾害事件的信息发布和救援资源的调度。通过北斗短报文系统，救援部门可以及时发布灾害警报、疏散指南等信息，提醒民众做好防灾准备。同时，北斗短报文系统还可以用于救援队伍的调度和协同，实现救援资源的高效配置和指挥。

北斗三号短报文系统不仅可以用于日常通信和紧急救援，还可以应用于交通运输、渔业、林业、气象和地质勘探等领域，实现对人、车、物等的定位、跟踪和监测。此外，北斗三号短报文系统还可以支持多种数据类型的传输，包括语音、图像等，为用户提供更加丰富的通信服务。

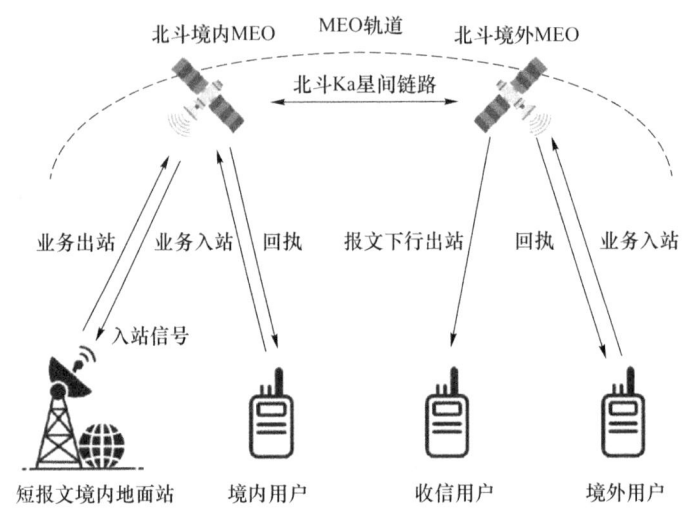

图 7-7 北斗短报文系统通信示意图

北斗区域短报文通信服务开通以来，已在我国海事救助、海洋渔业和减灾救灾等领域取得广泛应用，其中，海事救助领域主要在航标遥测遥控、遇险报警、船舶位置监控和应急指挥等方向实现一定规模应用。我国建立北斗报文服务系统，并成功推动该系统加入国际海事组织（International Maritime Organization，IMO）全球海上遇险与安全系统（Global Maritime Distress and Safety System，GMDSS）。该系统旨在建立一套北斗全球海上遇险与安全生态服务体系，实现北斗海事业务的规范统一和全链路闭环，以丰富海上应急通信手段，提升海上搜救能力[10]。由空间段、地面段和用户段三部分组成，北斗报文服务系统总体架构图如图 7-8 所示。

1. 空间段

北斗报文服务系统空间段由 5 颗 GEO 卫星组成，工作轨道位于 58.75°E、80.00°E、110.50°E、140.00°E 和 160.00°E，包括 3 颗工作卫星和 2 颗在轨备份卫星，可提供卫星无线电测定业务（Radio Determination Satellite Service，RDSS）和短报文通信业务（Mobile

Satellite Service,MSS)。承诺服务区 10°N~55°N、75°E~135°E,且绝大多数区域为双重波束覆盖。服务区内可满足单颗卫星发生故障时,其服务在一个小时内恢复。

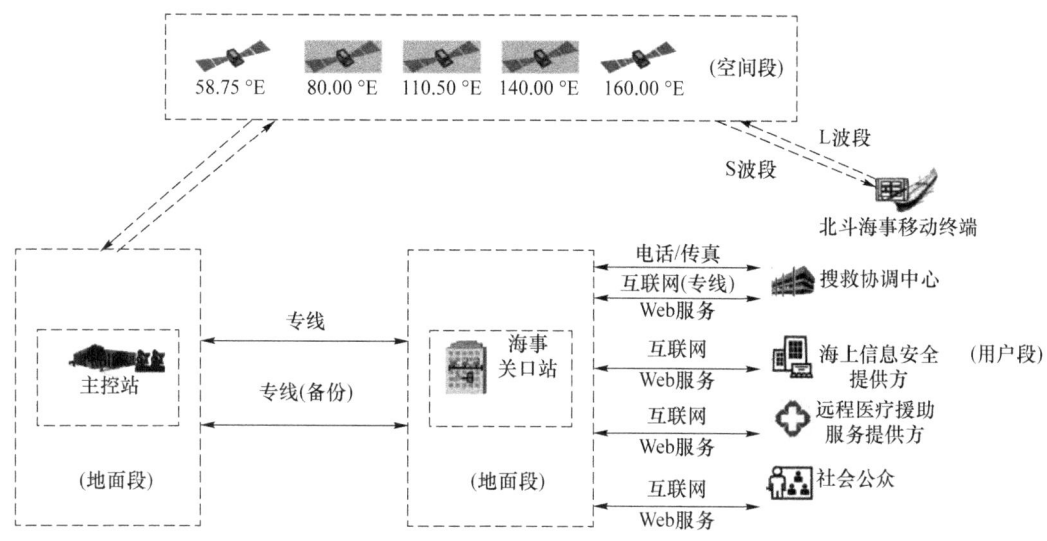

图 7-8 北斗报文服务系统总体架构图[10]

2. 地面段

地面段由主控站、海事关口站和配套通信链路等组成。主控站负责接收用户终端信号,并集中处理用户出站信息的上行注入等功能。海事关口站则用于处理和转发海事业务,通过专线与主控站相连。此外,海事关口站还与搜救协调中心(Rescue Coordination Center,RCC)、海上安全信息提供方(Maritime Safety Information Provider,MSIP)、远程医疗援助服务提供方(Telemedical Maritime Assis-tance Service,TMAS)以及社会公众建立了冗余备份的连接,包括专网、互联网或公众通信网。为了确保系统的可靠性,地面段采取了异地灾备建设措施。目前,主控站和海事关口站的异地备份站正在建设中,以应对可能发生的灾难情况,保障系统的持续运行。

3. 用户段

用户段由各类海事移动终端组成,这些终端具备了利用北斗卫星进行双向短报文通信的能力。这意味着用户可以在海上进行紧急通信,包括发送遇险告警信息、与搜救机构进行信息交互,以及接收海上安全信息,从而增强了海上安全和应急救援的能力。

北斗报文服务系统根据北斗短报文的工作模式、传输数据和服务内容的不同,其在海上遇险与安全通信领域的应用模式也有所不同,其中包括遇险报警和搜救协调服务、海上安全信息播发服务以及船舶位置报告服务。

遇险报警和搜救协调服务为配备北斗报文服务系统海事移动终端的用户提供海上遇

险和安全通信。这项服务为海上搜救中心提供遇险中继告警转发、搜救协调通信和搜救紧急与安全通信。它包括了多种通信方式,如船到岸遇险告警、岸到船遇险中继告警、船到岸、岸到船以及船到船的搜救协调通信,以满足不同情况下的通信需求。

海上安全信息播发服务面向配备北斗报文服务系统海事移动终端的海事用户,提供航行警告、气象警告、冰情信息、防海盗信息以及其他与航行有关的紧急信息。此服务采用多种预警手段、多时段和多区域的满足 IMO 要求的播发服务,可以根据需要面向一定地理范围内广播,也可以按照一定分组进行通播,以确保及时有效地向海上用户传递重要信息,保障航行安全。

船舶位置报告服务基于北斗系统提供的精准位置信息,通过北斗短报文通信服务回传。该服务提供了船舶位置信息的转发、储存和查询服务,通过电子地图直观显示海上用户的位置。这使得行业用户和集团用户可以方便地转发其管理范围内船舶位置信息,实现对船舶位置的及时监控和管理,从而提高海上运输的效率和安全性。

7.4.2 国际海事通信系统

国际海事卫星组织(International Maritime Satellite Organization,INMARSAT)成立于 1979 年,INMARSAT 卫星通信系统是 INMARSAT 组织管理的全球第一个商用卫星通信系统。1982 年,国际海事卫星组织管理的 INMARSAT 通信系统,起初是租用美国的海事卫星(Marisat)以及欧洲的"马雷克斯"(Marecs)卫星提供全球海事卫星通信服务和海难安全呼救通道。接着十几年间 INMARSAT 通信系统的业务不断扩大,逐渐将业务扩展到了航空和陆地,实现海陆空搜救一体化。INMARSAT 通信系统以其安全性、可靠性、高效性和稳定性而著称,它不仅是全球航海和航空通信的关键通信系统,还在应急通信、广域移动通信、移动目标定位监控以及移动目标图像采集和高速传输等多个领域有着重要的应用,在全球应急管理领域中扮演着至关重要的角色。

目前,正在使用的 INMARSAT-C 通信系统由三个部分组成。空间段,包含 Inmarsat 卫星、跟踪遥测与控制站(Tracking Telemetry and Control,TT&C)和卫星控制中心(Satellite Control Centre,SCC);地面段,包括地面站/岸站(Land Earth Station/Coast Earth Station,LES/CES)、网络协调站(Network Coordination Station,NCS)和网络控制中心(Network Operation Centre,NOC);用户段,包括空用、海用和陆用,INMARSAT 通信系统架构如图 7-9 所示[11]。

INMARSAT 通信系统采用的是地球同步轨道卫星,由于地球同步轨道的技术限制,可以覆盖除了南北纬 75°以上的极地区域以外的全部陆地。INMARSAT 通信系统可以覆盖地面网络不能涉及的盲区,确保用户能够在时间上任何地方都有信号接入。优势主要集中在以下几点:①可靠、便捷、易操作;②覆盖范围广,可以实现我国陆地的全部覆盖;③与全球电信网相连,可通世界各地,且对遇险求救信号优先处理;④便携可移动,能在移动中实现通信。INMARSAT 通信系统与地面系统相辅相成,共同发展,在抢险救灾、野外救援和工业安全等领域发挥了重要作用。

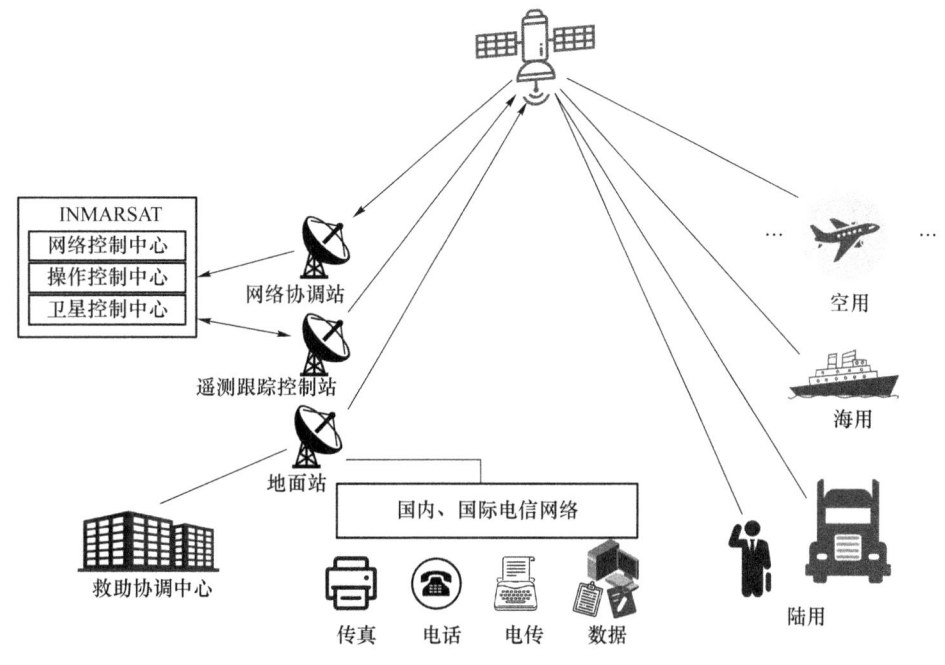

图 7-9　INMARSAT 卫星通信系统架构[11]

INMARSAT 通信系统为了实现全球覆盖,在空中部署了四颗高轨卫星,在地球赤道上空大约 35 700 km 的高度,主要负责通信数据的接收和转发功能。TT&C 主要用于测控和跟踪卫星的状态,获取卫星的运行情况和状态参数,并且把数据传给 SCC。SCC 设在伦敦的 INMARSAT 总部,主要负责保障卫星的正常工作运行,通过接收从遥测站发来的卫星监控数据来监测卫星的运行状态,并且可以根据实际需要通过发送控制指令给 TT&C 来调整卫星运行状态,保障卫星在安全范围内提供功能服务。LES/CES 作为地面系统和卫星系统的接入点,用户通信接续处理的网关,终端与陆上用户以及移动终端之间的相互通信都需要经过地面站。NCS 应在每个洋区至少设立一个,负责监督、协调和控制本洋区内的地面岸站。统一分配管理洋区内的全部通信电路资源,按照需求分配给各个岸站和船站;通过卫星电路的分配和控制来满足岸站调用电话电路的需求;管理船舶地球站的占线状态;监视管理音频级电路的使用状态;对于遇险呼救优先分配信道。网络控制中心(Network Operation Centre,NOC)是海事搜救系统的核心,地点坐落于伦敦的

INMARSAT 总部,在全球仅有一个,它与各个洋区的 NCS 建立通信连接,可以实现对整个 INMARSAT 网络的监视、控制、协调和通信管理。移动站根据不同的用户需求,分为陆用、海用和航空用移动站。主要功能是提供了一个面向用户的通信操作终端,用户可以使用操作端进行远程通信。

从 INMARSAT-1 到 INMARSAT-4 系列卫星,每一代都采用了 L 波段进行通信。INMARSAT 通信系统的基本通信信道分为四种类型:电话、报文、电报、呼叫请求和分配。在新一代 INMARSAT-5 卫星系统中一改传统以 C 或 L 波段为主的通信频段,将数据集中在 Ka 波段传输,推出了面向特定需求用户的全球高速移动宽带业务 Global Xpress,能够提供端到端的、全球可达、越区无缝切换的高质量的服务。2017 年,随着 INMARSAT-5F4 的升空,Global Xpress 将会为移动终端提供最高 50 Mbit/s 的下行速度,5 Mbit/s 的上行速度,卫星传输速率将达到原先采用 L 频段通信的几百倍[12]。

海事卫星系统提供的搜救保障应用已经不仅局限于海上,其业务已经延伸到航空和陆地领域。2008 年,四川汶川抗震救灾中,常规的通信手段几乎全部都无法正常使用,INMARSAT 卫星作为当时有效的通信手段,以便携、可靠、不受地理条件限制等优点,在抢险救援和信息传递中发挥了重要的作用。主要表现在以下三个方面:一是用于各级政府指挥中心与前线救援力量建立通信联系以组织抗震救灾指挥、协调、管理;二是救援部队之间必要的通信联络;三是充当灾难现场和外界群众之间新闻媒体、采访报道、照片和视频图像的传输媒介。以上作用突显了 INMARSAT 通信系统在条件复杂、情况紧急、不确定因素多等特殊环境下可实现随时随地通信的优势[13]。

7.5 环境监测

在现代环境监测领域,单纯依靠卫星或地面传感器的数据已经无法满足日益复杂和多样的监测需求。为了获取更全面、准确和实时的环境数据,综合使用天空地一体化技术的监测系统应运而生。这些系统通过将卫星遥感、航空观测和地面传感器有机结合,构建了一个多层次、多维度的监测网络。

7.5.1 祁连山地区天空地一体化监测网

祁连山是中国西部重要生态安全屏障,是黄河流域和河西内陆河流域重要水源产流地,此间地貌涵盖冰川、寒漠、冻土、草甸、森林、草原、农田、水域、荒漠等九大类型在内的复合生态系统,海拔位于 2 800~5 827 m,是中国生物多样性保护优先区域。祁连山的生态重要性不言而喻,其独特的地理和生态系统构成了一个复杂而脆弱的自然环境。为了更有效地保护和建设这一区域,助力祁连山地区生态环境集成分析与评估,在北京师范大学刘绍民教授主持课题"祁连山'山水林田湖草'系统综合监测与评估"资助下,开展了祁连山地区天空地一体化监测网的构建和运行。

祁连山地区天空地一体化监测网由地面综合观测网(北京师范大学、中国科学院西北生态环境资源研究院和兰州大学的 24 个站点组成)和空-天多源遥感监测系统(以无人机-高分卫星-中高分辨率卫星为主)有机集成(图 7-10)。地面综合观测网的数据先通过无线传输方式传到数据综汇系统,再通过每日浏览无线传输数据、每旬检查各站观测要素变化图、每月实地巡检以及春秋季定期的仪器标定和检查、每年数次不定期的仪器检修与更换等多种方式,保证地面观测网能够正常运行。空-天多源遥感监测系统以祁连山"山水林田湖草"系统为监测对象,充分发挥高分(系列)卫星的精细、实时,以及无人机快速响应等特点,开展重点区域和人类活动区域/典型生态系统基本参数、植被参数、水文参数和人类活动等 4 大类米级、亚米级的遥感监测;发挥中高分辨率卫星的长期观测优势,对祁连山区采用 30 m 分辨率进行长达近 40 年的遥感监测,提供长时间序列的环境变化信息,有助于深入理解和分析祁连山地区环境的演变过程。

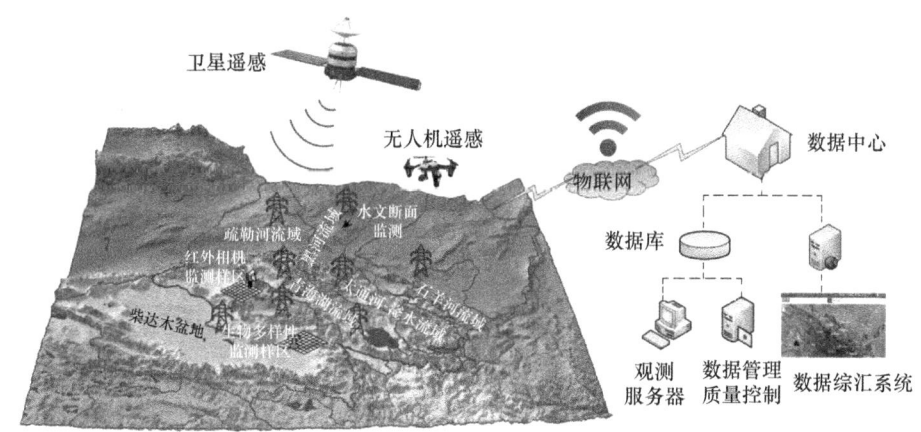

图 7-10　祁连山地区天空地一体化监测网[14]

在天基方面,项目团队优化天基多源卫星监测系统,打造连接中国资源卫星应用中心、国家高分中心、生态环境部卫星环境应用中心、北京小卫星运营公司的高分遥感数据一站式服务平台,通过精心规划卫星数据采集计划,不仅增强了区域高分遥感数据的覆盖范围,还显著提升了祁连山地区生态环境监测的能力。

在地基方面,新建并完善了祁连山森林生态系统监测综合站、潘保和铁卜加草地生态系统监测综合站、陆生生物多样性监测能力,提升了生态系统及各要素的监测数据获取能力,实现遥感监测与地面监测的有机衔接;生态环境大数据平台还实现了生态环境数据从"天"到"地"、各单位、各平台的生态环境数据的集成与系统化、可视化,使得生态环境监管具有精细性、针对性、有效性和预见性。

祁连山地区天空地一体化监测网为祁连山地区气候变化、环境变迁、生态系统格局和民族文化等研究提供基础数据,对制定生物多样性保护,特别是重点保护动物的保护对策与未来预测提供数据支持,进一步推动我国生态监测技术的发展,提升"山水林田湖草"系统的综合监测能力。通过实现对祁连山地区进行大范围、全天候、立体化的监测,该网络有助于该地区的生态保护和修复工作,为祁连山国家公园的建设提供科学支持,确保公园的可持续发展和生态平衡。

7.5.2 四川省天空地一体化空气污染监测平台

四川盆地作为中国西南部的显著地理单元之一,具有独特的大尺度环流形势和局地气象条件,在多个层面上对大气环境产生着深远的影响。四川盆地内复杂的空气流动模式,以及特定的湿度、温度等气象条件,为大气化学反应提供了特定的环境,从而影响了污染物的形成和转化。此外,这些气象因素还影响了污染物的区域输送。四川盆地与周边地区的大气环境紧密相连,污染物的输送和扩散往往不仅局限于盆地内部,还会扩展到更广泛的区域。在经济发展模式持续转型和环保要求日益严格的当下,实施更加精细化、立体化的污染管控策略和联防联控机制已成为四川省的工作。在四川省生态环境厅的领导主持下,四川省生态环境监测总站利用天空地一体化物联网构建监测平台,集成天基、空集、地基传感设备,构建由"污染溯源-污染防控-效果评估"组成的一体化立体化的联防联控体系。该监测平台包括了卫星遥感、臭氧激光雷达、空气子站、走航监测等多种天空地网络,涵盖了 WRF、CMAQ、CAMx、OBM、hysplit、flexpart 等多种空气污染模型和轨迹模型,结合地基观测、卫星遥感数据,对空气质量进行监测和传输模拟预测[17]。

监测平台运用多元化策略实时预测污染城市及其上风向的区(县)状况,增强了对污染传输路径研判的精确性和细致度(细化至区(县)层面),从而构建了支持业务运作的污染传输通道预警预报技术体系。每当面临污染事件,平台会先根据空气质量预报系统给出的风场预报以及污染物浓度变化的时空信息,预先判定污染的传输路径及其影响的城市与区(县)。通过运用后向轨迹模型、潜在源贡献分析和聚类分析技术,平台能够精准识别污染物的传输通道,并根据其特性将参与联防联控的城市分类为"核心控制区"和"协同控制区",为区域联防联控提供了量化的数据支持。

基于天空地一体化前期大气污染物精细溯源所揭示的污染特征与前体物排放特点，省监测站确定了城市的"核心控制区"与"协同控制区"，并制定了各具特色的城市减排方案，明确了减排的主要污染物、关键行业及企业，以及减排的具体量度。同时，对工业、移动、扬尘、餐饮等污染源进行了详尽的排放摸排与核算。基于这些摸排与核算结果，我们利用空气质量数值预报模型，建立细分源排放敏感性及动态减排分析模块，模拟分析了动态减排的敏感性影响，评估了各热点网格区域排放与污染应急减排对区域、城市及区县的影响程度。此举旨在精确识别并评估各类源对本地和区域空气质量的影响，支持生态环境管理部门深入理解污染物排放特性，强化污染源监管，制定更为精细化的污染减排策略，从而避免一刀切的做法，减少在重污染应急过程中的资源消耗[17]。

通过加速构建独具四川特色的区域-城市天空地一体化大气污染物精细溯源机制，空气污染监测平台能够更深入地洞察区域、城市及其周边大气污染物的传输、转化和迁移等动态过程。这将实现污染源在百米级别的精准定位，推动监测方式从城市近地面的常规监测向区域三维立体尺度的污染诊断监测升级，并促进监测重点从单纯的污染物浓度监测向污染全过程的全面监控转变。最终，这一机制将构建成一个覆盖区域、城市、区（县）三级的"污染溯源-污染防控-效果评估"全方位防控体系，有效运用数字化和智能化手段，切实守护绿水青山。

7.6 航空航海

当前航空与航海技术领域正朝着高度集成化和智能化的方向发展，人类的活动范围正在不断扩大，为了提升全球范围内的航空航海运输系统的效率和安全性，航空航海部门正在积极采纳和研发新一代基于天空地一体化物联网的航空航海系统。在这一过程中，各国政府、航空航海设备制造商、科研机构以及国际标准化组织等多方利益相关者正通力合作，共同促进相关技术的创新和发展。

7.6.1 基于ADS-B的中国民用航空系统

广播式自动相关监视（Automatic Dependent Surveillance-Broadcast，ADS-B）是一种飞机监视技术，飞机通过卫星导航系统确定其位置，并进行定期广播，使其可被追踪[15]，空中交通管制地面站可以接收这些信息并作为二次雷达的一个替代品，从而不需要从地面发送问询信号。其他飞机也可接收这些信息以提供姿态感知和进行自主规避。

ADS-B 由"ADS-B Out"和"ADS-B In"两项服务（传出与传入）组成，它们有潜力取代传统的雷达系统，成为全球飞机监控的主要方法。在美国，ADS-B 是下一代国家空域系统升级计划和航空基础设施与运营战略加强计划的一部分。ADS-B 还可通过 TIS-B 和 FIS-B 应用程序提供交通和官方生成的图形天气信息。ADS-B 会实时（每秒）向空中交通管制以及其他配备 ADS-B 的飞机提供本飞机的位置和速度数据，从而提高飞机的可见性并增强飞行安全。此外，ADS-B 收集的数据可以被记录和下载，用于飞行后的数据分析。这些数据可以作为低成本航班追踪、计划和调度的数据基础设施，为航空业提供重要支持。其中，"ADS-B Out"通过机载发射器周期性广播每架飞机的信息，例如标识、当前位置、高度和速度；"ADS-B In"是供飞机接收 FIS-B、TIS-B 以及其他 ADS-B 数据，例如附近飞机传来的直接通信。

当前，中国民用航空正积极推进 ADS-B 技术的深入研发与应用，旨在以民用航空强国战略为导向，紧密结合航空业的发展需求，将提升民用航空安全水平作为核心任务，聚焦于全面强化空中交通监视能力。该系统综合考量国内外环境、运输航空与通用航空的协调、东西部均衡发展、军航与民航的协同，以及空中与地面的融合，统一规划 ADS-B 与雷达等监视技术的整合应用，确保整体推进，加速技术转化，建成天空地一体化的民用航空物联网系统，从而全面提升民用航空的安全保障、运行效率以及服务水平。

在航路航线、终端（进近）和机场塔台的运营中，中国民用航空搭建以 ADS-B 技术为核心的新监视技术（图 7-11），将其作为空中交通管理的关键手段，从而构建一套完备的 ADS-B 运行保障与信息服务体系。同时，该系统全面引入北斗卫星导航系统，提升 GNSS 的安全性及定位精度，为 ADS-B 技术的应用提供了更为安全、可靠、精确且连续的定位信息服务。此外，该系统在运输航空和通用航空领域积极试验、推广并全面应用 ADS-B In 技术，实现了高效的空空监视，构建了一个天空地协同运行的体系，为打造民航强国提供了坚实的技术支撑。

当前，ADS-B 系统已在新疆、四川等多地实现广泛布局与深度应用，极大提升了空中交通管理的效率与安全性。这一成果是我国在空中交通监控技术现代化进程中迈出的重要一步，为航空业的稳健、长远发展筑牢了基石。近年来，随着低空经济的繁荣，ADS-B 系统的市场需求不断增长，吸引了众多企业与研究机构投身其研发与生产，有力推动了行业的蓬勃发展。同时，中国民航局亦持续加大力度推广和应用 ADS-B 系统，旨在进一步提升空中交通的安全性与运行效率。

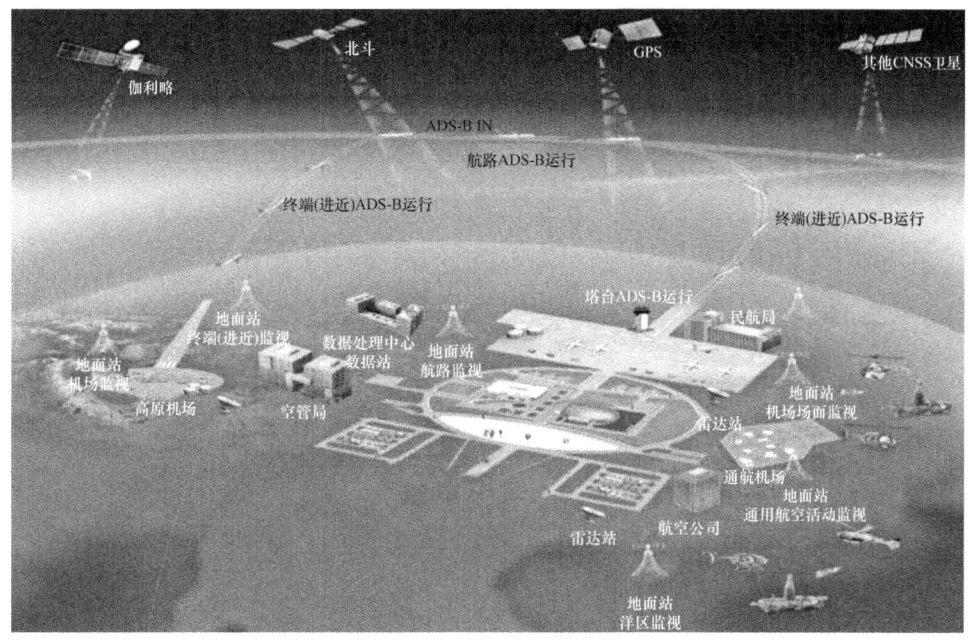

图 7-11　中国民用航空 ADS-B 运行体系[18]

7.6.2　基于 AIS 的南海航海物联网系统

船舶自动识别系统(Automatic Identification System,AIS)是一种在海上播发、自动广播和接收海上船舶信息,以达到对船舶的识别、监测和通信的航海物联网系统。对船舶的航行安全、政府的监管需求、海洋环境的保护具有重要意义。目前,随着北斗卫星导航技术的成熟,交通运输部履行国际海事公约,分别在我国北海、东海、南海建成了航海保障中心 AIS 基站百余座,为保障人民群众的海上安全、建设海洋强国提供了有力保障。

以南海海域内正在建设的三沙无人岛礁 AIS 基站为例。中国南海具备广阔的覆盖面积,其中,三沙无人岛礁环境恶劣,不具备常规的电力、通信资源,普通的 AIS 基站无法在此正常工作,需要布设卫星 AIS 基站,形成天空地一体化的航海物联网系统。通过整合北斗技术的定位与短报文功能,我国自主设计并开发了北斗 AIS 基站,具备转换和解析 AIS 报文功能,能够将 AIS 报文有效地转化为北斗短报文格式,进而采用北斗短报文作为主要的通信方式,实现了基站的核心功能。三沙航标处在北礁、浪花礁灯塔建设了北斗 AIS 基站,三沙无人岛礁 AIS 基站总体设计如图 7-12 所示。

与传统 AIS 基站相区别,在建的北斗 AIS 基站将全面采用国产设备。这些基站整合了电力供给、北斗通信、AIS 基站以及动环监控等多个子系统,分别负责供电、数据采集传输、AIS 基站运行和动环监控功能。同时，三沙航标外的 AIS 数据中心也将进行适配性调整，增设北斗通信和动环监控子系统，确保 AIS 数据中心能通过北斗卫星通信系统与岛礁上的北斗 AIS 基站构建专用网络，实现 AIS 等数据的实时回传，并允许对基站动环系统进行远程监控。两座 AIS 基站当前面临的关键挑战包括电力供应的稳定性、数据传输网络的可靠性、AIS 基站的覆盖范围以及基站运行环境的适应性等问题。

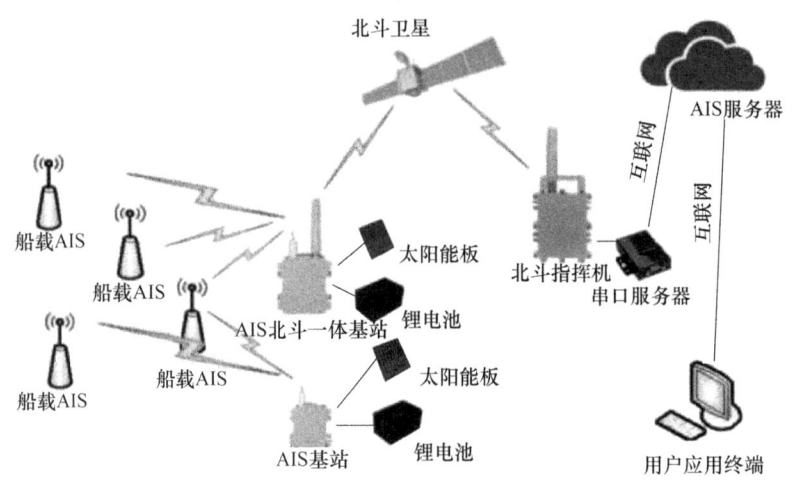

图 7-12　三沙无人岛礁 AIS 基站总体设计示意图[19]

我国的北斗 AIS 基站集通信与定位功能于一身，能有效支持船舶导航，作为现有基站的有力补充。其设计紧凑、轻便且节能，特别适用于能源短缺、航标建设难度大、维护困难的偏远海域。快速部署的特点减少了对自然环境的破坏，同时提供了导助航服务，确保船舶安全航行。这不仅有助于保护自然资源和生态环境，更对维护人民生命财产安全具有重要意义。

7.7　军事应用

在军事领域中，传统物联网的初步应用主要集中在军事物资跟踪和后勤保障等方面，而随着精准制导、先进材料生产与制造、定位导航、航天以及信息通信等技术的飞速进步，将涉及多维度的天空地一体化物联网应用于军事领域，构建出全新的军事卫星物联网是世界各国打造全方面、立体化国防安全系统的必然要求。

7.7.1 美国陆军战场物联网

当今世界正朝着多极化的趋势进行演变,为了保持其国际地位和加强国防安全,美国开展了一系列关于战场物联网的研究工作,旨在增强美军在现代化战场下的作战能力,进一步扩大美军在对敌作战时的非对称优势,从而实现对敌作战的绝对胜利。同时,与常规的军事物联网相比,这些研究的独特之处在于它们着重于为作战人员提供智能化的自主操作能力。图 7-13 为美国陆军战场物联网的概念示意图。

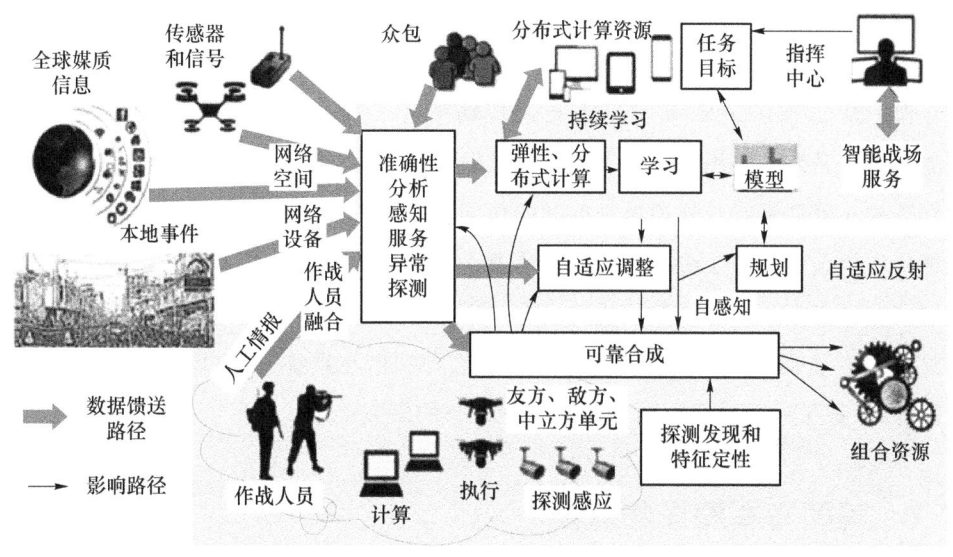

图 7-13 美国陆军战场物联网的概念示意图

为了加速推进战场物联网研究,美国陆军研究实验室在 2016 年提出了一个战场物联网项目以响应其在未来战争中扩大非对称优势的愿景。此外,在 2018 年,专项研究项目正式启动。2019 年,该实验室研究出专门针对城市环境作战的 LoRaWAN 战场物联网,该项研究成果在密集城市的测试中表现优秀。

在推动战场物联网研究的过程中,美国陆军积极与众多大学、研究机构以及工业界的合作伙伴携手,利用各种尖端技术来加速战场物联网的研究工作。战场物联网实质上是新一代技术在军事领域的应用,对于美军打造智能化战场具有关键性的影响。现代战场对于信息的可视化实时获取有着很高的要求,这就需要卫星的参与,尤其是低轨道地球卫星的低时延、低成本、高可靠的全球覆盖。这些特性为实现信号的连接和信息的即时获取奠定了技术基础,从而使卫星通信成为战场物联网不可或缺的一部分。

美国国防部着眼于未来多维度和全方面作战,推动美军向海洋、天空以及太空等多领域发展，努力打造多兵种、多维度的全域联合作战体系，其中先进战斗管理系统是该体系成功构建的重要环节。该系统旨在利用天空地一体化物联网协调多兵种联合作战，配合多维度的军事物联网并最终在未来战场中获得较大的非对称优势进而取得战争的最终胜利。

ABMS对程序之间的"连接组织"较为看重，通常情况下会优先考虑整个体系架构，最后才是平台等因素的构建。该系统将分为三个阶段：第一阶段为2018—2023年，目标是通过整合现有技术对传感器进行升级，以增强系统网络的能力；第二阶段为2024—2029年，目的是将上一阶段整合的设备或系统进一步集成到作战控制管理平台上；第三阶段从2030—2035年，将对先进战斗管理系统进行测试验证，并针对发现的问题进行修正和升级。自2020年以来，先进战斗管理系统项目已获得了大量拨款并与高校、研究院所开展研发合作。从2019—2020年，该项目已经成功举行了三次演习，这些演习的成功举办为先进战斗管理系统的实用化提供了宝贵的实践经验。

先进战斗管理系统计划通过长时间的协同研发，旨在构建多维度、全方位的智能化战斗指挥与作战系统。该系统可能影响未来战争的最终形态，真正建成后将进一步拉大美国与别国在未来战争中的非对称优势。在ABMS的研发过程中，美军采用了迭代发展的螺旋式演进方法，而不是传统的线性研发模式。同时，在系统开发过程中，美军同样注重实战演练，采取了一种将研发与实战演练相结合的研究策略。

7.7.2 美国海军海洋物联网

除了传统的陆军战场，全球各国也在加强对海洋战场的关注。图7-14展示了美军海洋物联网的概念示意图。当前，海洋态势感知主要通过舰船船载传感器和卫星星载的遥感传感器实现，前者受制于监测范围，而后者则容易受到云层、雾等气象条件的干扰。为了克服这些限制，美国国防部高级研究计划局（DARPA）在2017年提出了海洋物联网项目，该项目旨在通过在海洋中部署大量低成本且高效可靠的海上浮标传感器，并结合卫星通信和云计算数据分析技术，以期建立一个能够全天候监控全球海洋态势的系统。该项目分为两个阶段，第一阶段是设计初步的海洋物联网系统，并在不同的海域进行多次试验，以验证系统的可靠性。第二阶段是在第一阶段的基础上，对已验证的海洋物联网系统进行改进并继续进行海洋实验直到检验结果达到预期效果。

为加快推进海洋物联网研究的进展，美军计划在南加州海岸附近15万km^2的区域内布设超过15 000个浮标传感器并对设计的海洋物联网进行海洋验证。如果该研究进展顺利，美国国防部高级研究计划局将加快构建一个由50 000个浮标传感器组成、覆盖100

万 km² 的传感器网络。此外，在海洋物联网的建设过程中，美国国防高级研究计划局计划利用铱星系统作为海洋物联网的天基节点，通过特定的信号处理技术对数据进行压缩，从而提高卫星通信带宽的使用效率，并增强数据传输的整体能力。

图 7-14 美军海洋物联网的概念示意图[16]

本 章 小 结

本章节主要介绍了天空地一体化物联网在智慧交通、智慧农业、应急救援、环境监测、航空航海和军事应用。在智慧交通方面，天空地一体化物联网可以实现智慧交通管理、智能车联网等功能，提升交通运输效率和安全性。在智慧农业方面，它可以应用于农业生产监测、智能灌溉、精准农业等方面，提高农业生产的效率和质量。在应急救援方面，天空地一体化物联网可以实现紧急事件的监测和响应，提高救援行动的效率和及时性。在环境监测方面，它可以实现对空气、水质、土壤等环境因素与生态数据的监测和预警，保护生态环境和人类健康。在航空航海方面，天空地一体化物联网可以实现航空器和船舶的实时监控和管理，提升航行安全和效率。在军事应用方面，它可以为军队的情报收集、作战指挥、战场监控等提供支持，提高军事行动的效果和战略决策的准确性。这些应用展示了天空地一体化物联网技术在多个关键领域的广泛影响和潜在价值。

参 考 文 献

[1] 谢军,庄建楼,康成斌. 基于北斗系统的物联网技术与应用[J]. 南京航空航天大学学报,2021,53(3):329-337.

[2] 臧钊. 基于BIM+GIS的京张高速铁路空地一体"数字孪生"智能化运维技术研究[J]. 铁道运输与经济,2022,44(9):139-145.

[3] 知行机器人. 为高速公路插上智慧之翼！知行天空地一张图亮相全国高速公路信息化大会[EB/OL]. (2024-03-29)[2024-05-30]. https://mp.weixin.qq.com/s/R_exHwVF3AeNpzYC5q_VSA.

[4] "卫星+物联网"赋能"天空地"一体化全域智慧农业[EB/OL]. (2024-04-15)[2024-05-30]. https://mp.weixin.qq.com/s/iL4LFnVxLLz6KTevunlAvw.

[5] 管继刚. 物联网技术在智能农业中的应用[J]. 通信管理与技术,2010(3):24-27.

[6] 谭昆,孙三民,杜良宗,等. 智慧农业发展现状与趋势[J]. 农业科学,2020,10(12):5.

[7] 珠江时报. "空天地"一体化监测 让你吃得安心[EB/OL]. (2023-12-04)[2024-05-30]. https://szb.nanhaitoday.com/epaper/zjsb/html/2023/12/14/content_9356.htm.

[8] 广东省广分质检测有限公司. 顺德渔业养殖水质检测项目[EB/OL]. (2023-11-03)[2024-05-30]. https://95831278.b2b.11467.com/product/11533103.asp

[9] 王杰华,洪丽芳,许锦丽,等. 基于物联网的智慧农业管理系统设计[J]. 湖北农业科学,2021,60(10):133-136.

[10] 宋溙,庞波波,翁艳云,等. 北斗短报文在全球海上遇险与安全通信领域的应用与展望[J]. 中国航海,2022,45(4):65-69.

[11] 张华冲,吴永欣,杨贤,等. 海事四代卫星网络架构及新业务分析[J]. 计算机与网络,2021,47(13):58-62.

[12] 张华冲,韩星,谢华军,等. 海事五代卫星通信系统关键技术分析[J]. 无线电工程,2019,49(11):1009-1013.

[13] 李兴林. 海事卫星应急救援之中显真功[J]. 卫星与网络,2009(1):58-61.

[14] 国家青藏高原科学数据中心. 祁连山地区天空地一体化综合监测网2019年数据发布. (2020-07-28)[2024-05-30]. https://data.tpdc.ac.cn/.

[15] 李自俊. ADS-B 广播式自动相关监视原理及未来的发展和应用[J]. 中国民航飞行学院学报,2008,19(5):11-14.

[16] 纪凡策,周一鸣. 国外军事卫星物联网发展态势分析[J]. 中国航天,2021(6):68-72.

[17] 四川省生态环境厅."空天地"一体化监测技术保障"绿色"重大赛事四川以智慧监测助力生态环境治理现代化[EB/OL].(2023-08-09)[2024-05-30]. https://sthjt.sc.gov.cn/sthjt/c104335/2023/8/9/4267a331c97e41a69fc8bc9f7ec795ff.shtml.

[18] 中国民航局. 中国民用航空 ADS-B 实施规划[EB/OL].(2013-02-20)[2024-05-30]. http://www.caac.gov.cn/XXGK/XXGK/ZFGW/201601/t20160122_27660.html.

[19] 覃学宁,童扬武. 基于北斗通信的三沙无人岛礁 AIS 基站应用[J]. 中国海事,2022(12):28-30.